U0920719

中国川派盆景艺术

THE SICHUAN PENJING ART OF CHINA

四川省盆景艺术家协会
成都市园林管理局 编

中国林业出版社
CHINA FORESTRY
PUBLISHING HOUSE

图书在版编目(CIP)数据

中国川派盆景艺术=THE SICHUAN PENJING ART OF CHINA/四川省盆景艺术家协会,成都市园林管理局编.－北京:中国林业出版社,2005.8

ISBN 7-5038-4021-8

Ⅰ.中… Ⅱ.①四… ②成… Ⅲ.盆景－观赏园艺－四川省－图集 Ⅳ.S688.1-64

中国版本图书馆CIP数据核字(2005)第064969号

责任编辑 徐小英 李 伟
装帧设计 聂崇文 赵 芳
制　　作 骐 骥

出版发行 中国林业出版社(100009 北京西城区刘海胡同7号)
网　　址 www.cfph.com.cn 电话:(010)66162880
制　　版 北京瑞彩天和彩印制版技术有限公司
印　　刷 东莞金杯印刷有限公司
版　　次 2005年8月第1版
印　　次 2005年8月第1次
开　　本 889mm×1194mm 1/16
印　　张 12.5
彩色照片 280幅
印　　数 1～3 000册
定　　价 220.00元

《中国川派盆景艺术》编写组

主　编　杨永木　刘光新

常务副主编　吴　敏

副主编　雷慧中　李　丹　邓承康
张重民　马　培　唐来春

编　者　（按姓氏笔画为序）

马　培　田有宝　邓承康　刘光新　孙红玉
江　波　李　丹　吴　敏　张重民　杨文志
杨永木　唐来春　黄光新　雷慧中

主要摄影　邓承康　李　丹　张重民　吴　敏

书名题字　谢季筠

英文翻译　辜云杰

序 FOREWORD

四川古称巴蜀。在浩瀚的历史长河中，勤劳智慧的四川各族人民，创造了灿烂辉煌的古蜀文化和独具特色的近现代巴蜀文化。以成渝地区为中心的川派盆景，植根于“天府之国”的秀美山川，历经千年文明的时空传承，逐步形成了独具地方特色的艺术风格，成为中国盆景的主要流派之一，对巴蜀文化的繁荣作出了积极的贡献。

川派盆景艺术的发展，经历了一个由简到繁再由繁到简的造型演变过程。传统的川派盆景分为树桩盆景和山水盆景。树桩盆景造型独特，强调“古朴严谨，虬曲多姿”，在造型方法、材料选用、枝盘处理等方面自成一体，带有明显的地方特色。山水盆景以高、悬、陡、深、奇为基本特色，立意深远，构图简练，虚实结合，富于动感，艺术地再现了巴山蜀水的清幽、俊秀、险奇和雄伟的景观特色。

由四川省盆景艺术家协会和成都市园林管理局共同编写的《中国川派盆景艺术》一书，对川派盆景的起源、发展、特征、栽培管理等作了全面、系统的介绍，图文并茂，形象生动，对于加强艺术交流，加深人们对川派盆景的了解，提高艺术鉴赏能力，丰富群众文化生活，具有积极的作用。

中国共产党第十六次全国代表大会的报告指出：“文化的力量，深深地熔铸在民族的生命力、创造力和凝聚力之中。”希望川派盆景艺术工作者深入群众、深入生活，发扬与时俱进的精神，在继承与创新上大胆探索，为人民群众奉献更多的盆景艺术精品。

四川省省长　张中伟

2005年7月

Sichuan province was called Bashu in ancient times. Over the long history, diligent people of Sichuan had created splendid ancient culture of Bashu and peculiar modern culture of Bashu. Sichuan Miniascape which centre is Chengyu region stands out in the graceful mountains in "the land of abundance", comes down from thousand years' civilization and forms striking features of region. Sichuan Miniascape is one of the major schools of Chinese Miniascape and renders many services to the development of culture of Bashu.

The development of Sichuan Miniascape went through two stages which were from briefness to complex and then from complex to briefness. Traditional Sichuan Miniascape is divided into stump Miniascape and potted landscape. Stump Miniascape's formation is peculiar. Its theory of formation, method of formation, selection of material and treatment of branches and concrete methods and tools have their unified styles with obvious signs of the region. The basic features of potted landscapes are high, dangling, steep, deep and exquisite. These features can finely bring out the landscape of Sichuan.

The Sichuan Penjing Art of China, which is wrote by the Commonwealth of Artists of Sichuan Miniascape and Garden Administration in Chengdu City introduces source, development, feature and cultivation of Sichuan Miniascape in detail. It is useful for exchange in the arts and favourable for understanding of Sichuan Miniascape art. It is believed that it will play an active role in raising the art connoisseurship and enriching cultural life of the people.

The 16th National Congress of the Communist Party of China pointed out that cultural power is deeply associated with national vital energies, creativity and cohesion. I hope artists of Sichuan Miniascape can go among the masses and lives, develop the spirit of advancing with time, gallantly explore tradition and innovation and provide more fine works of miniascape for the people.

Zhang Zhongwei

Govenor of Sichuan Province

July,2005

前　言 PREFACE

四川，人称“天府之国”，山川秀美，人杰地灵。悠久的传统历史文化，孕育了独特的巴蜀文化，创造和发展了美誉天下的川派盆景。

川派盆景以成都、重庆两地为代表。由于其历史悠久，文化底蕴深厚，盆景创作发展历史长，因此，制作技艺精湛，有着浓郁的地方艺术风格。

川派盆景相传始于蜀汉，唐时有了相当规模，明清是其盛期。此时的蟠扎造型技艺已相当成熟，规则类古桩盆景的各种身法、技法已基本定型。北京故宫和承德避暑山庄陈列的金、玉、珠宝制作的掉拐、对拐、方拐、滚枝式、半平半滚式等造型的梅花、垂丝海棠、贴梗海棠盆景工艺品，都是明清两代的遗物。

新中国成立后，在党和政府的关怀下，川派盆景得到迅猛发展。首先，有关部门将民间收藏的大批盆景精品集中到成都杜甫草堂博物馆、人民公园、金牛宾馆、省人民医院和都江堰市离堆公园等单位，同时还将李忠玉、赖光玉、甘如才等盆景艺术家吸收进这些单位专门从事盆景创作。1959年，北京人民大会堂落成，李忠玉、王明文等人创作的数十件盆景被选送人民大会堂四川厅陈列。同时，为庆祝建国10周年，还特地在成都南郊公园举办了盆景展览。此次展览的作品如“腊子口”“橘子洲头”等，在内容和命题上都表现出很强的思想性和艺术性。1959年11月6日下午，陈毅元帅游览成都南郊公园并参观了盆景展览。观后兴趣盎然，欣然提笔留下了“高等艺术，美化自然”的题词。“文化大革命”期间，四川盆景遭到极大破坏，大批盆景被毁、被砸。党的十一届三中全会后，四川盆景又获新生。改革开放20多年来，川派盆景有了长足的发展。由于受地理环境、风土人情、文化艺术的熏陶，川派盆景形成了其独特的艺术风格。

川派树桩盆景以古拙苍劲、雍容典雅见长。其树态比较庄重，兼顾四方，不趋极端。树种则以金弹子、银杏、六月雪、罗汉松、海棠、黄荆、紫薇、柏树和梅花为主。

川派山水盆景以粗犷沉雄、险峻奇幽为主，体现出雄浑、沉练、苍古、险峻的艺术特色，表现了四川的名山大川如剑门、三峡、青城、峨眉、九寨的雄、险、幽、秀、奇，具独特之处。成都石材以砂片石最为特殊，其作品具有高、悬、陡、深、奇的特点；重庆则多选用龟纹石，作品具稳、实、缓、荡的特色。

为了弘扬川派盆景，展示川派盆景的艺术魅力，我们组织编写了这本《中国川派盆景艺术》，以飨读者。本书在编写的过程中获得了各级领导的亲切关怀和有力支持。四川省省长张中伟同志在政务繁忙之中为本书作序。四川省人大常委会城乡建设环境资源保护委员会副主任委员唐宁同志也对本书给予宝贵的支持。黄寅逵、朱永明、吴平国、魏柏良等省、市领导同志还为本书提供了精心创作的盆景作品。我们在此表示诚挚的感谢！成都杜甫草堂博物馆、成都武侯祠博物馆、成都金牛宾馆、成都市园林管理局所属公园名胜、都江堰风景名胜区离堆古园、眉山三苏博物馆和江油李白纪念馆等单位也从多方面予以配合，编委会借此一并致谢。

本书着重介绍了川派盆景的发展历史、制作方法及作品赏析等。如有疏漏或不妥之处，请大家批评指正。

《中国川派盆景艺术》编委会

2005年7月

Sichuan province is called paradise. There are graceful mountains and persons of exceptional intelligence. Traditional culture gave birth to the peculiar culture of Bashu and created famous Sichuan miniascape.

The miniascapes in Chengdu and Chongqing city represent Sichuan miniascapes. Due to a long history and a deep culture, the techniques of formation of Sichuan miniascape are gorgeous and have striking features of region.

According to the old tradition, Sichuan miniascape began to appear in Three Kingdoms, had a significant scale in Tang dynasty and reached to the peak in Qing dynasty. The formative techniques matured in Qing dynasty. Many miniascapes which were made of plums and crabapples by Diao-guai, Dui-guai, Fang-guai, Gun-zhi and Ban-gunzhi in The Imperial Palace in Beijing and Museum of Mountain Hamlet for EscapingHeat Chengde were venerable relics from Ming and Qing dynasty.

After the People's Republic of China was founded, Sichuan miniascape had expanded rapidly under the care of Party and government. Firstly, the departments that were concerned drew many miniascapes which were competitive products into Chengdu Dufu's Thatched Cottage Museum, Chengdu People garden, Jinniu hotel, Sichuan People hospital and Du Jiangyan Li Dui garden etc. Secondly many artists such as Li Zhongyu, Lai Guangyu, Gan Rucai were absorbed into these departments and specialized in creation of miniascape. In 1959, when the Great Hall of the People was founded, some dozens miniascapes which were made by Li Zhongyu and Wang Mingwen were sent to Sichuan Hall the Great Hall of the People for exhibition. At the same time, in order to celebrate 10th anniversary for the People's Republic of China founding, the exhibition was hold in Nan jiao garden in Chengdu City. In this exhibition, many miniascapes such as "Ju zi zhou tou"and "La zi kou"etc were great thoughtful and artistic in proposition and content. Marshal Chen Yi jaunted through Nan jiao garden and subscribed "elegant arts, beautifying the nature". During the Cultural Revolution, Sichuan miniascape suffered misfortune. After eleventh Party's meeting, Sichuan miniascape took a new lease of life. Sichuan miniascape have improved greatly since the reform and open. Sichuan miniascape has its peculiar artistic style because of edification of geographical environments, custom and culture arts.

Stump miniascape of Sichuan is good at elegance .It's pose is dignity and compatible with every quarter. Tree species are plum, crabapple, podocarp and cypress etc.

Potted landscape of Sichuan with an emphasis on rug and steep shows artistic features of steep. Famous mountains and great rivers in Sichuan such as San Xia, Jian men, Qing Cheng, E mei and Jiu Zhai show high, dangling, steep, deep and exquisite. Schist stones among stones are peculiar. Their works are dangling, steep and deep.

In order to develop Sichuan miniascape and show the artistic charm, we compile the *The Sichuan Penjing Art of China* for reader. The book's editorial committee has received warm concern and support from senior leaders in Sichuan Province and Chengdu while compiling this book. Zhang Zhongwei, governor of Sichuan province, wrote the preface for the book despite his busy work schedule. Tang Ning, director of the Urban and Rural Construction and Environmental Resource Protection Committee, has also supported the book's compiling. Officials from Sichuan and Chengdu, such as Huang Yinkui, Zhu Yongming, Wu Pingguo and Wei Boliang, have provided excellent miniascape works for this book's publication. The book's editorial committee extends its heartfelt thanks to them all. It is also indebted to the Chengdu Du Fu's Thatched Cottage Museum, Chengdu Temple of Marquis Wu Museum, Chengdu Jinniu Hotel, Chengdu Municipal Gardening Management Bureau, the Lidui Park of the Dujiangyan Scenic Spot, the Three Su's Museum in Meishan, Sichuan, and the Li Bai Memorial in Jiangyou, Sichuan, which have co-operated in the book's compiling.

This book's focus is on development, methods of formation and appreciation of Sichuan miniascape. If this book has some mistakes, please oblige me with your valuable comments.

The Sichuan Penjing Art of China Editorial Committee

July,2005

目　录 CONTENTS

五、水旱盆景作品赏析 …………………………………………（102）

撷英篇 SECTION OF DELEGATE

制作篇 ARTISTIC CREATION

历史篇
HISTORY

四川素有"天府之国"之美称。山川秀美，物华天宝。几千年的人文历史演进，孕育了优雅厚重的巴蜀文化和绚丽多彩的地方传统艺术，也成就了集山水灵气和文化底蕴于一体的川派盆景艺术。

川派盆景艺术起源于蜀汉时期。至唐、宋，逐渐积累了树桩蟠扎技艺和山水盆景造型技巧。用梅花、贴梗海棠、罗汉松蟠扎加工制作的树桩盆景，装饰意味浓厚。用四川本地所产各种自然山石制作的山水盆景，在小尺寸的盆景空间中创造出大容量的艺术境界来。到了明、清，川派盆景艺

Sichuan province is called paradise. There are graceful mountains and persons of exceptional intelligence. Historical human development with a long history gave birth to the peculiar culture of Bashu and created famous Sichuan miniascape. Sichuan miniascape began to appear in Three Kingdoms. At a later Tang and Song Dynasties time,Sichuan miniascape stepped into a steady stage of development and arts of topiary work of tree and shrub and formative techniques of potted landscapes were formed. Adorn of stump miniascapes which are made of plum , commen floweringqe and Yew podocarpus is especially denseness. Potted landscapes which are made of autochthonic natural stone can apply expertly landscaping technique and create a big artistic conception in little space of miniascape. In Ming and Qing Dynasties, Sichuan miniascape stepped into a stage of boom and formative techniques of stump miniascapes had been matured increasingly. Representative of Sichuan

术进入兴盛时期。川派树桩盆景的蟠扎加工技艺日臻成熟其代表形式如立、斜、卧、悬等各种自然类树桩造型样式，掉拐、对拐、三弯九倒拐等规则类树桩造型样式以及平枝、滚枝等树枝造型样式，清末已经定型；川派山水盆景的加工技艺也日渐成熟。

新中国成立以来，盆景专业人员、专类园圃发展壮大，盆景创作和理论研究日益活跃。20世纪80年代至90年代是川派盆景最为兴盛的大发展时期。地方性和全国性的盆景艺术展览连续举办，盆景艺术培训班接连开办，盆景教材和盆景技术书籍陆续出版，专业和业余队伍不断壮大，量多质优的盆景艺术作品纷纷问世。各级盆景专业协会相继成立，加强了交流与合作，进一步扩大了川派盆景在国内外的影响。

miniascape, for example, formative types of any of varies nature stumps which were made into upright forms, steep forms, prone forms and suspended forms. Formative types of metrical stump miniascape which were Diao-guai forms, Dui-guai forms, and San wan jiu guai forms had been set in the end of Qing dynasty. Formative techniques of potted landscapes had been matured in the end of Qing dynasty.

After the People's Republic of China was founded, professional staff and nursery garden had grown steadily. The creation and theoretical research were more active. The flourishing period of Sichuan miniascape was from 1980's to 1990's. During this period, many parochial and nationwide exhibitions of miniascape and the art of miniascape training workshops were hold and many books about miniascapes were published, which fostered many high level of talents for art of miniascape and run off thousands of miniascapes works whose artistic value were very high, whose forms were varied and whose kinds were abundant. At the same time, the commonwealth of artists about miniascape at all levels were founded, which helped to strengthen the bonds and exchanges with internal and external craft brothers and wide further the effect of Sichuan miniascape on inland and overseas.

一、川派盆景艺术的历史沿革

川派盆景相传始于蜀汉时期。那时，因有诸葛亮管理国家大事，继位后的刘禅乐得清闲，在成都修建安乐宫，于宫院栽花种草，并将他青少年时期见到的奇峰危崖、古木苍松，再现于盆钵之中。他用石料、木板做成长短深浅各异的盆钵，栽植矮树并配以山石，在宫院呈“八”字摆设。后来大臣和商贾纷纷仿效，以至这种盆栽造景形式得以流传开来。

这一时期的树桩盆景保存至今的，最著名者当数都江堰离堆公园的张松银杏，相传为三国名士西蜀别驾张松亲手栽植。树形如振翅欲飞的白鹤，民间有银杏化为仙鹤飞翔的传说，故又名“白鹤仙”。此树由张松故里移入，经历代高手培护，至今生长健茂。

唐代，成都城内已出现了从事花木盆景交易的专业花市。四川盆景在皇族及达官贵人的府邸园林中也流行起来。受武则天猜忌有谋反嫌疑的章怀太子李贤被贬谪到成都，整日与花草盆景为伴，后病故于成都。公元706年其灵柩运回京城安葬。陵墓甬道现存壁画绘有手持花果树石盆

张松银杏（又名“白鹤仙”）（都江堰离堆公园）

手持“盆山”的侍女造像（大足 宝顶山）

手托“盆山”的童子造像（大足 宝顶山）

景的侍女两人。唐代后期的李德裕，则是一个很有名的花木与奇石盆景爱好者。他就任川西节度使期间兴建的成都新繁镇东湖宅园，其内山水树石与花草盆景相映成趣，堪称西蜀名园。在入京就任宰相之后主持修建的平泉山庄及亲自撰写的《平泉山居草木记》，记述了“周围十里，天下奇花异卉，珍松怪石，靡不毕致其间”的胜景，以致有后人据此认为：盆景“始自平泉”（清·刘銮《五石瓠》）。据信现存于都江堰离堆公园的紫薇花瓶当是这一时期的作品，经过数十代艺人的精心培植蟠扎，终成瓶形。清末一大户人家捐赠的这株紫薇古桩，树身为中式镂空花瓶造型，树冠从瓶口生出。花开时节，繁花盖顶，妙不可言。

紫薇花瓶（都江堰离堆公园）

五代的前蜀国被颠覆后，孟知祥统一巴蜀全境，建立了后蜀国。他属下的随员梅翁归隐于成都西郊，置地十余亩植梅玩赏，并试用棕绳捆扎梅枝，使其蟠曲矮化，开启了川派树桩盆景蟠扎技艺的先河。其子梅雨村继承父业，并仿照画意将盆梅扎成多种姿态造型，这便是四川最早的梅桩盆景。

北宋时期，川派盆景艺术有了长足进步。树桩盆景和山水盆景已经各自独立，分流发展。盆梅、盆松（罗汉松）、盆栽石榴等成了较常见的树桩盆景。这时蜀中的海棠很有名，宋仁宗时在益州（今崇州市）为官的沈立撰有《海棠记》一卷，记述了这里海棠的栽植盛况。而成都双流牧马山那时又是国内贴梗海棠的栽培中心，因此贴梗海棠就成了成都盆景最常用的树种之一。北宋大文豪苏轼是四川眉山县人，他在其所著《格物粗谈》中说：“芭蕉初发分种，以油簪横穿其根二眼，则不长大，可作盆景。”记载了控制芭蕉生长而保持盆景植物矮化特征的具体方法。苏轼出川为官之后，还写过很多诗篇反映他制作树桩盆景和山水盆景的情况。在重庆大足县宝顶山大佛湾北宋时期的摩崖造像中，就有手持“盆山”的侍女造像和手托“盆山”的童子造像。在四川安岳县开凿于北宋时期的圆觉洞石窟内，还有一手捧“盆山”的飞天石刻造像。在成都武侯祠博物馆孔明殿前，摆放着一尊明代的铸鼎，铸鼎正面的中部有手持山水盆景的双人飞天造像。“盆山”是历史上对山石盆景的流行称谓。

宋皇朝南迁之后，川派山水盆景有了新的发展，特别是在制作山水盆景的石材发掘利用和盆景小中见大处理技法这两方面具有突出表现。南宋时期最有名的盆景石材是川石、道州石、灵璧石、桂石等。如南宋人赵希鹄在《洞天清录·怪石辨》中写到：“……道州石亦起峰可爱。川石奇耸，高大可喜。”云林居士杜绾在《云林石谱》中介绍盆景与假山石材116种，其中对“西蜀石”倍加赞赏。同一时代的王梅溪则在一首诗中写到：“……寸碧来从锦江远，九嶷分向锡山居；……我有千峰藏雁荡，擎天一柱插空虚。”他用来自成都锦江的山石做成了小中见大效果十分突出的山水盆景。南宋爱国诗人陆游长时间在川内崇州、夔州作官，他也是一个山水盆景的爱好者。他在《菖蒲》一诗中讲了用石菖蒲和昆山石制作水石盆景的情况。其《道石》诗则更详细地描述了闲暇时利用道州石并按小中见大手法创作山水盆景的过程：“……小试壶公缩地术，数峰闲对道州山。”诗中所指“壶公”是一位神仙，神话中说书生费长房进入到壶公的茶壶，在壶中亲身游历了另一个大千世界。壶中有天地，这就是中国文化艺术中“小中见大”意境的由来。这种艺术思想在盆景创作中反映出来，说明宋时川派山水盆景艺术创作已经达到较高的水平。

都江堰离堆公园保存的巨型紫薇屏风，植于宋代，成型于明末清初，用紫薇、银薇和红薇三个品种，经过几十代园艺师精心培育而成。枝干编织成镂空屏风，正中再添花瓶轮廓。夏秋开花，灿若云霞。清雍正年间，四川曾姓人民捐赠给伏龙观，现保留在清溪园内。

现存于眉山三苏祠的木假山堂，为宋代的山水盆景提供了另一佐证。苏洵年轻时游历名山大川，可谓丘壑填胸臆。后在家中设木假山堂，立了一座三峰挺立的木假山。三峰各自鼎立而互相照

手托山水盆景的双人飞天造像（中）（成都武侯祠博物馆铸鼎）

木假山堂（眉山三苏祠）

供奉于几架之上的树桩盆景石刻（成都文殊院藏经楼石础）

应，寄寓三苏父子的禀赋和人格。三苏祠现存的木假山堂系清代康熙四年（1665年）重建，乾隆年间在堂内仿立木假山一座。今存者系道光十二年（1832年）眉山书院主讲李梦莲所赠，保留了三峰鼎立的造型。

川派树桩盆景发展的兴盛时期当属明清两代。在成都文殊院藏经楼的清代的石础上就刻有供奉于几架之上的树桩盆景图样。在这一时期，树桩蟠扎造型技艺已相当成熟。川派盆景的代表形式，如蟠扎加工造成的立、斜、卧、悬等各种自然类树桩造型样式和规则类古桩盆景的各种身法、枝法这时已经基本成型。明代在江南地区流行蟠扎"沉香片"类规则式枝片，而在四川则出现了按照一定身法、枝法蟠扎加工的各式"弯拐"树干和各种规则式的"云案"或"枝盘"，规则类的树桩盆景开始流行起来。清康熙乾隆年间在成都附近的郊县，已有专门从事规则类各种样式树桩盆景蟠扎造型的花农。崇庆县的三弯九倒拐，郫县的方拐等都已经是较成熟的样式。成都每年农历二月青羊宫举办的花木庙会，给盆景技艺的交流提供了很好的机会。各处盆景艺人把花木盆景运到花会上进行比赛或销售，对树桩蟠扎中弯子的形状，弯度和枝盘枝法等相互评比和交流学习，逐步完善了川派盆景蟠扎中自然类树桩造型样式和规则类树桩的身法样式及三式五型的枝条造型样式。清朝后期，成都地区花农干玉成、云天和、窦禹明等的蟠扎技艺就已经非常精湛。

紫薇屏风（都江堰离堆公园）

清末至民国初年，这样以蟠扎树桩盆景为生计的艺人家庭在川西地区已有60多户。他们各怀绝技，都有自己最擅长的树桩蟠扎造型样式，如成都张彬如、陈玉山的掉拐与接弯掉拐身法，戴崇光、龚协之的滚龙抱柱身法，灌县龚吉如的大弯垂枝身法，李洪泰的方拐身法，温江纪成久的巧借法等等。此时川派盆景的蟠扎技艺已是相当的成熟和完备，树桩盆景技艺上升到历史的新阶段。这一时期的传世之作，在都江堰离堆公园和成都金牛宾馆保存较多。其中都江堰离堆公园的一株贴梗海棠树桩的树龄在百年以上，川派盆景名家杨茂盛在其原型的基础上，采用川派盆景的传统技法加工，现长势旺盛，古风犹存。离堆公园还另有一株金弹子古桩，树形本来就很奇特，后来就其形而蟠扎，身法取龙的造型，十分独特，而枝法沿用川派传统技法，法度严谨却不失生动，现每年挂果逾千，金玉满堂，乃是川派盆景之绝品。

在北京故宫和承德避暑山庄陈列品中，采用金、玉、珠宝制作的仿梅花、垂丝海棠、贴梗海棠等的树桩盆景工艺品，其树干造型就有掉拐式、对拐式和方拐式，枝盘造型有滚枝式、半平半滚式。这些盆景工艺品都是明清两代遗物，造型上采用了只有川派树桩盆景才具有的技法。这表明在明清两代，具有川派造型风格的金玉盆景已经作为贡品进入了皇宫。

贴梗海棠古桩（都江堰离堆公园）

罗汉松古桩（成都金牛宾馆）

二、当代川派盆景的发展纪事

20世纪30年代始，四川民间的盆景艺术活动很活跃。成都盆景玩家黄希成于1944年以“希成博物馆”的名义在青羊宫花会上展出各种盆景100余件，影响了很大一批花木玩家纷纷加入盆景爱好者行列，到1947年即涌现出一批有所成就的盆景名家，号称盆景十大家，其中有黄希成、黄晴岩、黄听泉、陈益庭、王国章、文天龙、文希珍、廖仲宣、王尔勤等。他们除自己创作和玩赏盆景，还经常以盆景会友，互相切磋与品评，对盆景技艺的进一步提高起到了推动作用。重庆舒艺农在继承其父舒伯成盆景技艺的基础上，拜国画家、摄影家为师，以画理指导水旱及山水盆景的造型，为川派盆景的创新发展作出了重要贡献，成为重庆盆景的一代名家。他还建立了“重庆艺林花果园”专门进行花木盆景的生产和营销活动，其盆景业务上达成都，下至长江沿岸各城市以及上海地区。与此同时，盆景艺人林禹经也租地20余亩组建了“建华农场”以及后来的“工读园艺场”作为盆景基地，并于1947年与同行一起，组织盆景200余件，在重庆沧白纪念堂举办了重庆市盆景、盆栽和古桩展览，社会反映良好。

新中国成立后，人民政府十分重视园林绿化事业的发展，盆景艺术也获得了新生。1952年，在政府的支持下，成都市将博物馆收藏的和散落在民间的盆景都收集起来，集中到几个公园内管护，并公开展出供人民群众观赏。同年秋天，又将盆景技术人员李忠玉、赖光玉、甘如才、雷光前、戴春和、陈松如等调入成都市人民公园，专门从事盆景创作。李忠玉与同住人民公园西园的国画家冯槯父通力合作，以中国画的艺术理论和

离堆一瞥：古老树桩排成豪华树阵（都江堰离堆公园堰功道）

1982年9月20日邓小平陪同金日成参观成都杜甫草堂博物馆盆景园（张蜀华 摄）

罗汉松古桩（都江堰离堆公园）

艺术技巧来指导盆景创作，溶诗画意境于盆景之中，努力摆脱匠气，在很大程度上提高了盆景创作的艺术水平，成了当时的盆景名家。1957年，冯檯父在其编写的《成都盆景》小型图册中，对建国初期盆景创作的成果进行了总结。

1956年，由重庆市城建局园林所牵头组织，举办了该市建国后首届盆景展览，历时20余天。同年，成都市营门口乡成立高级农业合作社，并专门设立了盆景园，由陈思甫负责树桩盆景蟠扎与生产，邱开春负责制作山水盆景。在这期间，陈思甫还向员工传授树桩盆景的蟠扎技艺。此间，成都另一位花卉盆景名家王明文也坚持边创作边学习，从书画艺术中汲取营养，创作出了“松下问童子”“归来”“秋径”等200余件好作品。他的作品经常在玉龙餐厅、成都餐厅、芙蓉餐厅等处展出，并有许多作品流传于民间。王明文还将自己的200多件盆景作品，上千个盆景坯料，几百个古桩无偿献给成都杜甫草堂。在这一时期，其他盆景艺人也将盆景作品转让给了成都市五福村招待所、成都金牛宾馆、四川省人民医院、成都铁路局专家招待所和成都市人民公园等相关单位。

为筹备建国10周年大庆，成都市政府在1958年提出：为了美化城市，要达到三个“一万”，即盆景一万盆，兰花一万盆，国画一万幅。由成都杜甫草堂李忠玉、草堂苗圃刘德宽负责，筹备了规模空前的万盆盆景展览。1959年建国10周年大庆，人民大会堂落成。四川省献礼办公室从重庆市组织50件、从成都市挑选20件盆景作品，作为献礼送到北京人民大会堂，

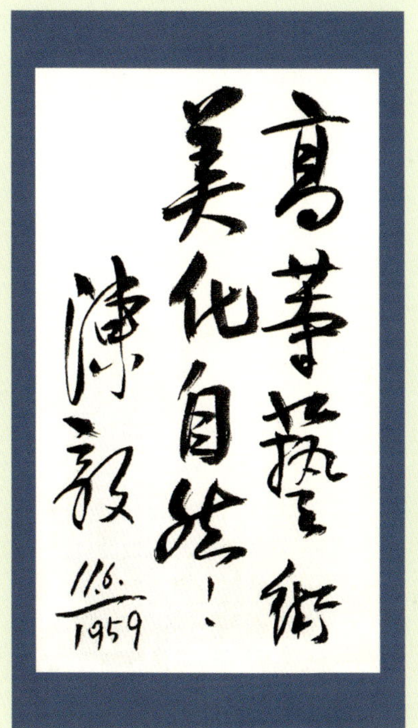

陈毅题词

用作人民大会堂四川厅室内装饰陈列，受到了广泛关注和赞誉。同年11月6日下午，陈毅元帅游览成都市南郊公园并参观了盆景展览，观后兴趣很高，欣然提笔，留下了“高等艺术，美化自然”的亲笔题词。

20世纪60年代，川派盆景的发展陷于停滞局面，但仍然顽强地延续下来。1961年，由李忠玉、王明文、甘如才等口述，林延年执笔，编写了《成都盆景》小册子，由青羊宫花园出资印刷发行。1965年，李忠玉带领弟子杨永木、张远信在成都杜甫草堂博物馆藏经楼后面的照壁前制作了大型山水盆景“西蜀秀色”。这件作品用精心挑选的精品砂片石和六月雪树桩作成，融雄奇和秀丽于一体，洋溢着诗情画意，成为川派山水盆景里程碑式的传世之作。

1972年，上海为接待美国总统尼克松而专程到成都购买盆景。在这一阶段直至80年代末，上海、广州等地到成都收购盆景的现象日盛，多的时候一次就装满了7节火车车皮，少的时候也有几十件至上百件作品。至此，川派盆景艺术作品逐渐大量走向外部世界。“文化大革命”之后，率先举办盆景展览的是成都杜甫草堂。1974年春举办的首届梅花树桩盆景艺术展览，令当时文化生活匮乏的成都市民耳目一新。其后逐年举办，至今已达32届。成都杜甫草堂还陆续接纳了四川各地选派的盆景学员，以盆景基地为教学和实习场所进行定向培养。一些学员尔后成为所在地盆景业界的领军人物。

1979年10月，作为国内主要的盆景流派之一，成渝两地组织100多件川派盆景艺术作品参加了在北京北海公园举办的首届全国盆景展览，与其他省市盆景同行一起，拉开了80年代中国盆景艺术大交流大发展的序幕。同年10月至12月，成都市园林局在南郊公园举办了盆景蟠扎技艺培训班。

山水盆景“西蜀秀色”（成都杜甫草堂博物馆）

80年代是中国盆景艺术重新获得新生和大发展的年代。1980年，川派盆景选送作品50件，参加了在比利时举办的园艺博览会，获得特别奖。同年4月，在成都文化公园举办首届成都市盆景评比展览，此后连续举办了四届。1981年，四川派代表参加了全国五城市的《中国盆景艺术》编写工作。同年3月，由四川人民出版社出版了《成都盆景》（潘传瑞编著）一书。7月，成都市园林局在百花潭公园举办了盆景艺术中级培训班，除盆景专业课程外，还开设了园林文学、中国画等相关课程，编写并印发了《中国盆景技法述要》等讲义。1982年6月，由四川人民出版社出版了《盆景桩头蟠扎技艺》（陈思甫著）一书。同年，邮电部发行第一套盆景题材的邮票共6枚，以四川盆景作题材的邮票《奔驰》《活峰破云》为其中2枚。在这一年中，成都百花潭公园被确定建立盆景兰花专类公园，并开始在公园中修建盆景陈列园。

《奔驰》（金弹子）

《活峰破云》（银杏笋）

重庆市于1982年10月至1983年5月举办了“重庆市盆景技艺培训班”，开设植物栽培、植保、盆景理论、盆景制作、国画、文学、美学等共9门课。川派盆景人才的培养向着提高综合素质的方向前进。

1983年，中国花卉协会在香港举办盆景展销会，成都选盆景佳作60件参加展览。其中贴梗海棠盆景大受欢迎，3天之内展品销售一空。同年12月，成都市花卉盆景协会在文化公园成立；同年，《盆景造型艺术》（王

松鹤延年（都江堰离堆公园）

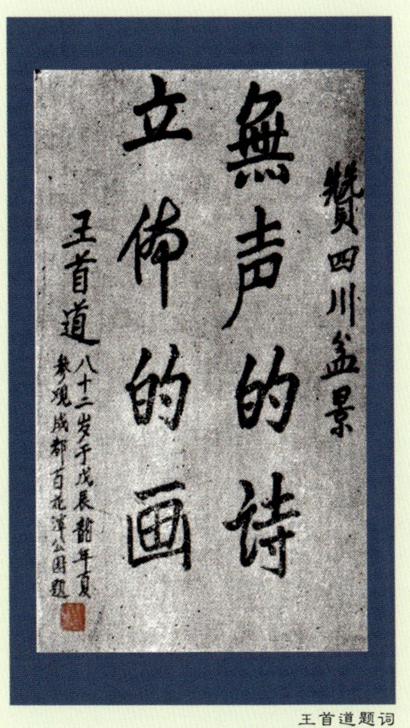

王首道题词

志英图,潘传瑞文)一书出版。1984年,在百花潭公园举办了四川省首届盆景展览。1985年,川派盆景由成渝两地为代表,参加了由中国花卉盆景协会举办的上海市中国盆景评比展览。1986年,在重庆市举办了第二届四川盆景评比展览。1987年,经成都市花卉盆景协会反复讨论,制订了成都盆景评比标准。1988年4月,文化公园举办了第五届成都市盆景评比展览。同年11月,在四川乡土教材的基础上全国第一本统编盆景教材《盆景技艺》(唐来春编写)由中国建筑工业出版社正式出版发行。

1989年7月,四川省盆景艺术家协会在成都市成立,首批会员190余人,分别来自成都、重庆、宜宾、内江、德阳、江油、乐山、温江、都江堰、郫县、崇庆等地。张远信出任常务副会长。协会主办了盆景专业刊物《盆景天地》。20世纪90年代末,杨永木继任协会常务副会长之职。四川省盆景艺术家协会推动了四川盆景在新时期的大发展。1989年5月,《成都盆景研究》论文集由成都市园林管理局、市风景园林学会、市盆景研究会编印发行。

1990年10月,在成都望江楼公园举办了成都地区盆景大奖赛,展出成都五区十县200多名盆景工作者创作的共400余件盆景作品,展品质量进一步提高。大奖赛特辟"成都盆景名人作品赏析展",精选了李忠玉、陈思甫、张远信、杨永木、邹秋华等名家名作60余件,收到观摩提高的效果。评比展览接待游人10余万人次,获得相当的好评。

在20世纪90年代,川派盆景艺术继续沿着以盆景艺术理论指导盆景创作实践的路线前进,努力提高艺术水平,丰富文化内涵,积极探索市场化道路,以进取的姿态迈入川派盆景的新世纪。

罗汉松古桩(成都金牛宾馆)

赏析篇

ARTISTIC APPECIATION

盆景艺术的赏析活动，是盆景作者及其作品与观赏者之间相互联系的纽带，也是盆景艺术反作用于现实生活的必要环节。盆景作品的赏析是一种感觉与理解、感情与认识相统一的精神活动过程。赏析过程中始终活跃着欣赏者个人的主观认识活动与情感反应活动，盆景的艺术形象不断地唤起欣赏者相应的感觉经验、形象记忆和情感波动。欣赏者进而根据自己的感受和理解加以补充、改变和重新组合，使盆景作品的形象被再创造为欣赏者感性意识中新的艺术形象。

This section includes primarily the introduction of appreciation Sichuan miniascape.

The appreciation of Sichuan miniascape should be gone for from specific circumstances, connotation and skills of form. Enjoying miniascapes from specific circumstances means to appreciate concentrate unflattering nature landscape and plant according specific landscape image and animation of plant which can be sensate by vision. Enjoying miniascapes from connotation means to imagine, chase, find and experience further thought, emotion, meaning, savor and poetic imagery of miniascape according clues

对盆景作品的赏析可以从盆景的实景境象、内在意境情感和作品形式技巧三个方面进行。

从盆中景观形象和盆景植物中，可以欣赏到浓缩的、逼真的自然山水风景和植物景观。根据实境形象提供的联想线索，展开艺术想像，追寻、发现和体验到作品内部更深层次的思想、情感、意味、情趣和艺术意境。对于盆景作品的形式技巧的赏析，一是要从作品的安排布局、大小比例、韵律节奏和多样统一等形式美的表现方面来赏析，二是要从修剪技术、蟠扎技巧、身法枝法、培护效果等方面加以品评。

本篇由盆景艺术作品赏析论述和川派盆景作品赏析两部分组成。第二部分为主体部分，是川派盆景代表作品的图片及其赏析文字。树桩盆景作品111件，水旱盆景作品36件，山水盆景作品34件，共181件，以飨读者。

which are offered by specific images. On enjoying miniascapes from skills of form , it has two emphases. One shall be appreciated from art measure , proportion association, symmetry , asymmetry, cadence rhythm and unity of diversity, the other shall be pay attention to observing topiary art, formative skill, metrical expression of stumps and character of old stumps cultivation, nursing and growth.

The second section is major part which explains the representative photos and specific appreciative words of Sichuan miniascape. Quantities of stump miniascape 111, landscapes miniascape 36, Scenerg miniascape 34, total 181, give the reader appreciatian.

一、盆景实景境象赏析

不论是树桩盆景还是山水盆景，它们总是有“景”的，但不同盆景所具体表现的“景”却千差万别。这里面有旷野古木、池边幽篁、齐天高树、虬曲偃松，还有崇山峻岭、深峡激流、悬崖飞瀑、山涧泉石。大自然的无穷美景，都被浓缩在盆景的方寸空间内，人们足不出户便可领略到天南海北各具风采的自然风光的魅力，得到自然美的享受，也认识到祖国山河的无比可爱与人间生活的无比美好。从盆景实景境象中的形体、质感、色彩的配合与植物的勃勃生机中，我们可以体验到置身于大自然美景之中的那种心理愉悦。而这种愉悦对于长期生活在城市环境中的人们来说，并不是经常有的。通过盆景的具体境象，我们看到了不同地域中不同的自然风景，并受到这种特殊风景的感动、熏陶，从而丰富了自己的情感世界，增强了对生活的热爱。

图1所示是重庆盆景工作者创作的一件表现长江三峡景观的山水盆景作品。在欣赏这件作品时，我们可以先看看它由崇山峻岭、层峦叠嶂的山形所表现的夔门风景：起伏不定的山脊，千皴万裂的崖壁，山间幽深的江峡，仿佛已经把我们带到了夔门之前，有身临其境之感。我们看到的是实实在在的三峡风景，我们直接面对着夔门山壁所昭示的古老岁月在峡江之中继续不停地流逝着、流逝着……清代人笪重光说：“神无可绘，真境逼而神境生。”景观逼真，则可以“逼”出意境来，这正是我们在欣赏盆景实景时最向往的境界。

具体境象的赏析和理解是进一步深入到作品内涵意境情感中进行欣赏的必要条件。只有在充分认识和理解盆景实境形象的基础上，才能在实境形象的引导下，一步步地深入到盆景作品内在艺术境界中。

图1　山水盆景作品——巫山云雨

二、内在艺术境象赏析

只有深入到盆景作品内在的艺术境界中去把握其艺术形象，才能真正全面、深刻地理解盆景作品的思想艺术价值。对于真有内涵、有意境的作品，是欣赏活动最应当介入的审美领域。在这一点上，或者是透过实景——即具体的境象去探寻作品的艺术意境，或者是从实景的形象特征中去发现蕴含着的情感、意趣和理想。

必须依靠审美联想与想像来探求和欣赏盆景的意境。这时的想像是直接受具体境象的特殊性所制约的。具体境象规定着想像活动的基本范围和基本取向。怎样理解这种现象呢？我们知道盆景的景象直接呈现在欣赏者的面前，但这并不等于说欣赏者的感受就只限于视觉范围。由于一切感觉都与思维相联系，因而视觉所感知的盆景色彩可给人以冷暖的感觉；视觉所感知的盆景的形状面貌，如深峡下的江河，可以让人获得激流中的声响感觉。视觉形象可能唤起欣赏者的听觉、触觉甚至味觉的联想，这就是根据盆景的具体境象能够进行想像的基本原因，也是想像要受具体境象的特性所制约的基本原因。明确了这一点，欣赏盆景的意境就可以避免盲目性，就能比较容易地找到入手之处。下面举例说明根据具体境象来

图2 迎风式树桩盆景作品

获得意境感受的问题。

图2所示是20世纪60年代成都的一件迎风式树桩盆景作品：其树干呈直线转折状，木质部剖面外露，具有顶风挺立的树干姿态，这很容易让我们从这种树态看到一种清癯的骨力，一种不屈不挠的抗争精神。再看看树顶仅有的两个大主枝，全向树干的后方斜垂，形成单方向的旗形树冠，一种宁可被狂风吹折而不甘断落的坚韧气概便跃然眼前。这些观赏者感受到的内涵并没有在盆景中直接呈现出来，但却很容易在人们的想像世界中浮现出来。这就是意境，这就是盆景艺术形象的情感精神表现。

对意境的欣赏是离不开想像的。欣赏者的想像力越丰富，在欣赏过程中他对盆景作品内在艺术境界的开掘就越深，对盆景作者的创作思想和情感发挥特点也就更容易理解和把握。

盆景景物一定的形状姿态总要表现一定的情势。倾斜的、交叉的山势造型，一般能够传达出较强烈的动势，可以体现激动、愤怒、焦虑的情感；下垂的树枝、直立的树干，则通常能够表现静态，可体现出肃穆、恬静、安闲的情调；繁花盛开、硕果累累的树桩盆景可以传达欢乐、喜悦的情绪；树态苍凉、枝叶扶疏的落叶树桩，能够暗合寂寞感伤的情怀。这些表现都说明，从盆景形象的一定感性形式中，完全可能找到与人们某种情感活动相对应的特点。通过这些特点，我们就可以体验、感受到盆景作品内在的情感与意趣。

用拟人化的类比联想方法来欣赏盆景，最容易使人展开想像，深入到作品的意境和内在情感世界中。拟人化的类比联想方法是以人所具有的情、理、动态来设想和欣赏对象，把对象体验为有性格、有情态、能动作的人物或动物。这样，就容易诱发对该对象的存在、发展等种种状况的想像，也更会感受到在这些状况下常有的情感活动。

三、作品形式技巧赏析

盆景作品构图的和谐、均衡以及构图的巧妙性、新奇性，都会使其景观艺术形象具有整体的形式美。盆景景物间协调的比例、优美的韵律节奏、艺术形式的多样性与统一性等方面，都能体现出具有独立审美意义的形式美。从形式上看，大型盆景的宏伟壮阔，可以让人欣赏到险峻壮美的景观效果；中小型盆景的细腻精致、微型盆景的小巧玲珑，也可以带给人们优雅、多趣的美感。

对于川派规则类树桩盆景(如图3)的欣赏，一是要看树桩形状姿态上的古老性和奇特性，越是古老奇特的树桩，其审美价值越高；二是要看树桩蟠扎、修剪加工技艺的难度大小和技艺的精湛程度，表现出精湛的高难度技艺的树桩，更有观赏性；三是要带着读“格律诗”一样的赏析眼光和审美兴趣来欣赏规则类树桩盆景那些比较对称和规则的造型形式，只要读懂了这类盆景在身法、枝法、丝法等方面的造型规律，就会领悟到其中无穷之味和不尽之意。

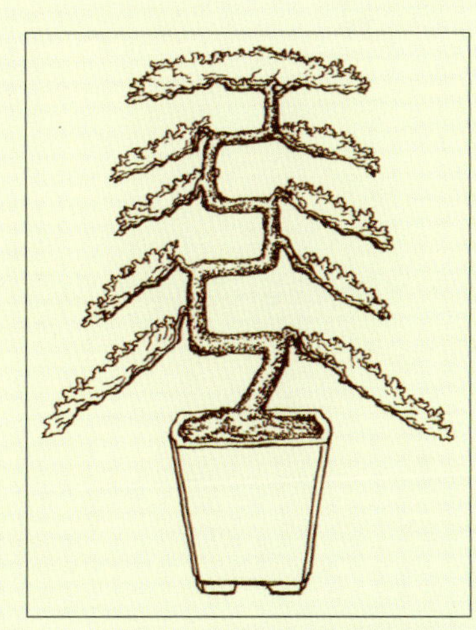

图3 格律严谨的树桩盆景造型

四、树桩盆景作品赏析

【老骥伏枥】

【老骥伏枥】

树种：金弹子　树龄：300 年

树高：100 cm

收藏：成都金牛宾馆

这株金弹子古桩，根系绞结，枝盘层叠，树势健茂，叶密果丰，是蜀中古桩元老之一。1958年成都会议期间，毛泽东主席曾驻足欣赏这件作品。这也给忠诚的守望者留下了荣耀和光环。

【高处不胜寒】

【高处不胜寒】

树种：对节白蜡　　树龄：90 年

树高：90cm

作者：杨永木（成都）

大树矗立高山之巅，主干粗壮，沉稳雄健且伟岸挺拔；枝盘丰满，层次分明而又参差有致。人谓高处不胜寒。若根深叶茂，沉着内敛，则任凭风吹雨打而岿然不动也。

【红颜玉佩】

【碧鸡飞红】

【红颜玉佩】

树种：茶花　　树龄：30年

树高：60cm

作者：陈加良（崇州）

大滚枝是川派树桩盆景传统技法之一，适用于不可过度修剪的树种，能在有限的空间展示更多的花朵，给人以繁花满枝的视觉效果。

【碧鸡飞红】

树种：贴梗海棠　　树龄：35年

树高：60cm

作者：赖胜东（成都）

贴梗海棠枝干苍劲，花朵殷红。这件树桩盆景的双干高低错落而又相互照应，呈翩翩起舞之姿。

【兄弟连根】

【兄弟连根】

树种：红花檵木　树龄：80年

树高：130cm

作者：罗贵明（自贡）

以两株红花檵木老桩斜正而植，以动势构成手足情谊，主干且分且合，树身有虚（空）有实，枝叶依然繁茂。空心树干的交互和扭曲平添了动感和意趣。

【乌龙出岫】

【乌龙出岫】

树种：金弹子　树龄：150 年

树高：130cm

作者：杨茂盛（都江堰）

树干苍劲，曲张有度，如乌龙出岫，蓄势待飞。主干下部作成几圈螺旋形弯拐，系从幼树时期盘曲而成，无百年之功不可成就，老艺人称之为“弹簧拐”。

【春 潮】

【耕 耘】

【耕 耘】

树种：金弹子　树龄：60年

树高：56cm

作者：干凤鸣（成都）

树桩造型酷似一位瘦劲硬朗的老农扶犁耕田，细看妙不可言。诚知树上果实，粒粒来之不易。

【春 潮】

树种：贴梗海棠　树龄：60年

树高：180cm

收藏：成都杜甫草堂博物馆

作品按照传统的直身逗顶身法制作而成，双干开合自如。配以均釉龙盆，越发古色古香。

【傲】
【绿影婆娑】

【绿影婆娑】

树种：六月雪　树龄：20年

树高：70cm

作者：孙红玉（成都）

这件自然类树桩的特色是她的韵致。主干左右弯曲，蕴含着一种向上的张力。而数枝侧枝不仅起到补白作用，其高低呼应和左右避让也恰到好处，丰富了树桩的造型，不由使人想起旷野里自由生长的大树。

【傲】

树种：红梅　树龄：30年

树高：70cm

作者：曾全能（成都）

这件梅花树桩主要依靠短截和疏剪来造型，树形简洁明快。配以紫砂方盆，更显古雅俏丽。

【新松恨不高千尺】

【新松恨不高千尺】

树种：五针松　　树龄：30 年

树高：100cm

作者：吴敏（成都）

这是一件立意高妙的作品。主干挺立显露出向上的冲力，至适宜处弯转后再顺势飘出，蓄反翘之势。顶部出枝自然，与侧枝和飘枝组成有动势的树冠。正是造型手法表达的直与弯、伸与曲的戏剧冲突，点明了新松恨不高千尺的主题。

【远 眺】

【远眺】

树种：榆树　　树龄：20 年

树高：70cm

作者：宋洪全（都江堰）

主干先前屈而后仰，作临崖眺望之势。枝盘短长配搭，疏密得当。树桩植于条盆三分之一部分，造成一种动态的平衡。

【隐逸】

【繁花锦团】

【繁花锦团】

树种：杜鹃　树龄：50年

树高：70cm

作者：林国江（重庆）

老干新枝，花团锦簇。通过合理的修剪保留更多的花枝，让绚丽的花朵铺满树冠，象征着祖国的繁荣昌盛。

【隐逸】

树种：六月雪　树龄：15年

树高：80cm

作者：孙红玉（成都）

修长俊秀的双干形影相随，相依为命。山坡的茅屋点明了荒僻、孤寂的意境。作者以欣赏态度向我们呈现出一种离群索居、超尘脱俗的生存状态。

【生命之本】

【红绽雨肥梅】

【生命之本】

树种：榕树　树龄：20年

树高：30cm

作者：黄光新（成都）

根附山石，固本盘根；石上长树，树活石灵。树石一体，你我不分。枝壮叶茂，全赖根深。

【红绽雨肥梅】

树种：红梅　树龄：200年

树高：100cm

作者：罗廷云（成都）

古干，壮枝，繁花，临崖傲立，迎寒怒放。滚枝式的蟠扎令繁密的枝条井然有序。

【古今清韵】

【古今清韵】

树种：银杏　　树龄：80 年

树高：130cm

作者：伍星（江油）

银杏老桩好似山峰，或孤峰挺立，或双峰对峙，或群峰竞秀。老桩出枝，如云绕山颠，相映成趣。

【苍龙入海】

【苍龙入海】

树种：金弹子　　树龄：120 年

飘长：130cm

作者：罗玉松（大邑）

这是一件很有力度的树桩盆景。主干自然盘曲，壮实中灵动，苍劲中有矫健，如苍龙入海，奔腾踊跃，势不可当。枝盘经后期加工日趋完美。

【瀚海呈珠】

【秋 思】

【秋思】

树种：水杉（配卵石）　树龄：15 年

树高：80cm

作者：周明辉（成都）

这件树桩盆景好似一幅写意的水墨画，寥寥数笔勾勒出粗细浓淡相宜的枝干，活画出秋天的寂寥与萧瑟。整件树桩经修剪而成，不经蟠扎，再配上小石二三，可供细细品味。

【瀚海呈珠】

树种：金弹子　树龄：20 年

树高：30cm

作者：王承熙（大邑）

虽是小品，却耐人寻味。主干倾而不倒，枝叶茂而不杂。作者巧借海贝做盆盎，使人联想到浩瀚的大海；而颗颗鲜亮的金弹子果实恰似可爱的珍珠。树桩倾斜栽植，造成趋赴之势，表现"呈献"之意。"想像"、"联想"在盆景创作和欣赏中的作用，此为一例，正可谓"小中见大"也。

【流金岁月】

【大将风范】

【流金岁月】

树种：金弹子　树龄：30年

飘长：50cm

作者：邓云川（什邡）

这件小品的主干造型曲折而又流畅，出枝和着果删繁就简，罐形的栽培器皿，以及根蔸做成的盆座，似乎都在诠释关于时间和生命的哲理。

【大将风范】

树种：罗汉松　树龄：50年

树高：75cm

作者：田一卫（重庆）

粗壮而低矮的主干，短促而有力的出枝，造就敦厚、沉稳的艺术形象。欣赏者不难感受到作品透露出的坚毅、刚强和一往无前的气度。

【玉树临风】

【玉树临风】

树种：对节白蜡　树龄：100年

树高：110cm

作者：杨涛（成都）

精雕细刻而又不显刀斧痕迹，长期的修剪造型而又不露人为痕迹，方使得这件树桩宛如大自然中临风挺立的参天大树。在盆景艺术创作的艰苦过程中，耐心、细心和留心是必不可少的。此外，这件作品的配石也很考究，或横或竖，有大有小，质感敦厚，纹理秀丽，对盆景主体起到很好的陪衬和烘托作用。

【迎客图】

【秋兴】

【迎客图】

树种：雀舌罗汉松　　树龄：40 年

飘长：120cm

作者：范正礼（成都）

节奏感、韵律感所传达出的这件作品内在的韵味是流畅和飘逸。主干富于变化的曲度，枝盘合理的布局，使人想起着生于悬崖之上、俯身于云雾之中的松树。修长的紫砂千筒盆和细瘦的几架更加强了这种危崖傲立的视觉冲击。

【秋兴】

树种：金弹子　　树龄：70 年

树高：60cm

作者：梁贵友（成都）

朽而不腐，老而不弱，从山野石缝中挖掘出的这类金弹子树桩的素材虽然易于速成，但良好的栽培和加工技术是至关重要的。这件作品的枝盘日后再经修剪造型，其整体效果会更好。

【叠翠】

【叠翠】

树种：罗汉松　树龄：160 年

树高：130cm

收藏：成都金牛宾馆

这件规则类古桩的身法为直身逗顶(又称直身加冕)，是成都金牛宾馆珍藏的古桩之一。主干和副主干避让照应得当，枝盘丰厚而舒展。就作品整体而言，在端庄和沉稳中力求变化与生动，正应验了川派规则类树桩有法度可循又不拘泥于成规的辩证法。

【回旋曲】
【探谷】

【探谷】

树种：金弹子　树龄：80年

飘长：70cm

作者：王绍华（大邑）

短胖的躯干给人以古拙厚重之感，顶部枝盘的发育和加工较为理想，主干的尖梢则有收缩过急之虞，因而减弱了“探”的动势。此乃加工年限所致，留待日后继续培育加工，使之日趋完美。

【回旋曲】

树种：榆树　树龄：60年

树高：65cm

作者：荀子平（都江堰）

曲折回环的主干造型把川派树桩自然式身法的曲线美发挥到了极点，犹如非洲土著抛出的“魔标”在空中划出的奇妙轨迹。何谓笔走龙蛇？何谓收放自如？这件作品为盆景作品的气韵作了很好的注释，同时也表明盆景佳作与中国绘画书法是一脉相承的。

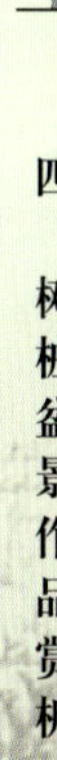

【秋趣】

【秋趣】

树种：金弹子　树龄：70 年

树高：70cm

作者：吴正华（什邡）

根如龙蟠，身似兽蹲，枝繁叶茂，秋果耀金。根趣、茎趣、叶趣、果趣凑趣秋色，秋趣盎然。

【古榕叠翠】

【连理耀金】

【连理耀金】

树种：金弹子　　树龄：70 年

树高：60cm

作者：张建军（成都）

两条并行的主干在顶部自然合生为一体，并由此展开各层枝盘。这种奇特的"连理"造型，又包含了中国人对人生和情感的理念。这曾经是一件枝盘丰满、层次分明的佳作，相信假以时日的功夫，一定会重现昔日的风采。

【古榕叠翠】

树种：小叶榕　　树龄：30 年

树高：56cm

作者：杜涛（宜宾）

这是一件以小见大的小叶榕树桩盆景。蟠曲的根爪、粗壮的主干和丰满的枝盘，显示着大气和古老。

【劲节临水】

【劲节临水】

树种：榆树　树龄：70 年

飘长：120cm

作者：赖胜东（成都）

气韵贯通，气势畅达。这件作品的外部轮廓是一个倾斜的锐角三角形，在沉稳中彰显飘逸。顶部的主干前伸后屈，加上右方的枝盘，形成了构图的稳定性；而向左飞身斜出的枝干，表达出了强烈的动势。两条主干俯仰得当，长短相宜，其主干与枝盘的相互避让和照应十分完美和谐。

【倜傥风流】

【映潭】

【映潭】

树种：金弹子　　树龄：60年

树高：80cm

作者：王绍华（大邑）

造型本朴、出枝简练是这件自然类树桩的特色。右侧中部留有一定的空间，达到虚实结合的构图效果。

【倜傥风流】

树种：雀舌罗汉松　　树龄：40年

树高：90cm

作者：范正礼（成都）

主干的弓形弯曲蕴藏着内在的弹性，与之相连的枝盘显挥洒摇曳之姿。树桩整体造型呈行吟之态。这棵文人树向我们传达的是洒脱，还是矜持？是孤寂，还是逍遥？作者留给我们足够的想像空间。

【无限风光】

【无限风光】

树种：金弹子　树龄：80年

树高：110cm

作者：王肇福（大邑）

成簇的根爪在炫耀深山的寄荒和狂野，而有序的枝盘又在赞许巧匠的辛劳和技巧。根系的支撑和簇拥，枝叶的笼罩和荫庇，果实的聚散和闪烁，呈现出别样的秋色。

【雄视】

【雄视】

树种：对节白蜡　树龄：80 年

树高：80cm

作者：杨涛（成都）

作品的气势来自作者的胸怀和气度。作者是用具体的造型来表达内心感受的。粗壮而向左倾斜的树干和向右弯曲的上部形成了稳定而有力度的树势，枝盘的左屈右伸更加强了这种气势，好像一棵饱经风霜的古树，在俯视着苍茫的原野。

【探海】

【凛然山水间】

【探海】

树种：金弹子　　树龄：25年

飘长：70cm

作者：郑松君（大邑）

凭借山间悬崖倒挂的野性，金弹子在盆里常被塑造成蛟龙探海的形象，是精心的管护使它们获得旺盛的生命力。

【凛然山水间】

树种：六月雪　　树龄：20年

树高：90cm

作者：李德生（成都）

气韵生动，布局自然，是将传统技法与创新精神相结合的生动体现。

【承欢膝下】

【香叶叠翠】

【香叶叠翠】

树种：匍地柏　树龄：30年

树高：60cm

作者：谢惠康（成都）

这是一件经过长期精心加工培育的树桩，主干的奇异造型和根爪的悬露绝非短期可为，枝盘的飘飞和主干的扭曲给人以舞动和飘忽的感受。用该树种培育出妙趣横生的树桩，实属不易。

【承欢膝下】

树种：罗汉松　树龄：50年

树高：70cm

作者：马培（重庆）

情趣是盆景趣味性的一个重要方面，而人性和人情正是情趣的永恒话题。这件作品由一大一小、一高一矮的两干组成，充满相依相伴、扶持关爱的意味。两干的关连和呼应则是能否传情达意的关键所在。

【守望】

【守望】

树种：对节白蜡　树龄：40年

树高：90cm

作者：邓承康（成都）

一棵主干曲折、枝叶披拂的大树，其形体前倾，似乎在艰难跋涉，又好像在翘首远望，抑或是在苦苦守候。作者用树木山石的“形体语言”来表达思想感情和社会理想，而欣赏者根据自己的内心体验展开想像的翅膀，就能在欣赏过程中产生共鸣。

【娇艳】

【流翠滴金】

【娇艳】

树种：紫薇　树龄：25 年

树高：35cm

作者：童良（自贡）

敦实的根蔸、劲健的枝干和绚丽的花枝，对比强烈而又和谐统一。花枝的披散和舞动使这件悬崖式树桩越发美丽动人。

【流翠滴金】

树种：金弹子　树龄：70 年

树高：60cm

作者：刘崇建（什邡）

主干带夸张性的弯曲回环传达出强烈的动感，而根爪强劲的"抓地性"又显示出力量和沉稳。欣赏者似乎看到了一个左蹬右踏，足铃震响的活体。

【龙潜翠云】

【龙潜翠云】

树种：匍地柏　树龄：40年

树高：52cm

作者：谢惠康（成都）

古拙，优雅，恬淡，枝干的运行极富中国书画的画意和笔趣，枝盘好似传出阵阵清气。作者巧妙地借鉴了其他盆景流派的手法，创作出真正属于川派风格的作品。

【盘龙问天】

【盘龙问天】

树种：银杏　树龄：50 年

树高：120cm

作者：田文海（成都）

中空的树干，蟠曲的根爪，微曲的体态，尽显古树的苍老和遒劲。傲立回首的造型，正合蟠龙问天的态势。配石的形状和褶皱酷似根盘，与之浑然一体。

【对雪遥相忆】

【金秋古韵】

【金秋古韵】

树种：金弹子　　树龄：70 年

树高：75cm

作者：邹秋华（成都）

古拙的根蔸，丰满的枝盘，稳重的造型，加上繁密的果实，无一不在向我们展现古老和成熟。金弹子的挂果期特别长久，因而观赏期遍及四季，特别是秋日硕果耀金，红润可爱。

【对雪遥相忆】

树种：梅（紫蒂白）　　树龄：30 年

树高：80cm

作者：杨文志（成都）

疏影横斜，清气逼人。主要依靠整枝修剪来造型的梅花，更多一些自然和生动。而根爪的提悬，是细致加工和精心养护的结果。

【飘逸之韵】

【惊回首】

【惊回首】

树种：金弹子　树龄：100 年

树高：75cm

作者：郑松君（大邑）

丰富的野生植物资源使得川派树桩盆景的造型无奇不有，这种主干形成锐角逆转，成全了树型的先天的奇特。日后再对根爪的提悬和枝盘的分布做些后期加工，其观赏价值还会提升。

【飘逸之韵】

树种：九里香　树龄：30 年

树高：90cm

作者：童志斌（宜宾）

只要注重意境的营造，小品也会非常耐看。两个并行的树干，给人以相依相随的感觉。但两干的长短粗细和出枝都有主次之分。主干那修长的飘枝，令飘逸之感油然而生。

【老树千秋】

【老树千秋】

树种：榆树　　树龄：80 年

树高：110cm

作者：胡世勋（温江）

根蔸、主干和枝盘都趋于完美，给人以历尽沧桑越发壮志凌云的感受。碗形的盆钵令粗大的根基更为显赫，而本土石材制作的奇特基座更是相得益彰。

【铮铮铁骨】

【铮铮铁骨】

树种：柏树　　树龄：60 年

树高：80cm

作者：陈义全（温江）

坚韧的树干支撑着浓密的树冠，袒露的心材与表皮的深色形成强烈的反差，似乎在倾诉风霜雨雪的磨难。这件作品使我们看到生命的顽强，更能看到生命的完美。盆的造型古朴简约，使作品的整体十分协调。

【苍情翠意】

【疏影横斜】

【苍情翠意】

树种：紫薇　　树龄：40年

树高：70cm

作者：苟道树（江油）

树蔸腐而不朽，如巧匠雕刻而成；新枝柔而不弱，泛起片片红霞。古朴的均釉盆与奇巧的树桩相得益彰。

【疏影横斜】

树种：六月雪　　树龄：20年

树高：45cm

作者：江波（成都）

六月雪树桩盆景的优势不仅在于其造型仪态万千，还具有小中见大、小树老成的观赏效果。这件作品尽管展现的仅是一小片丛林，但欣赏者从横斜的疏影中分明可以感受到大树的气势。

【柏韵】

【柏韵】

树种：翠柏　树龄：40年

飘长：115cm

作者：何成友（成都）

这件树桩与后页的树桩成对，其体量、飘长和造型相仿，使用的盆和几架也是成对的。只是在树桩的方向上对称。川派树桩盆景的罗汉松、贴梗海棠等植物材料在旧时多有此种成对的作品，有的经历数代人的不懈劳作终成正果，其难度可想而知。一对翠柏的悬崖式能制作得几近完美，在川内亦不多见。

【繁花似锦】

【柏韵】

【繁花似锦】

树种：垂丝海棠　树龄：30年

树高：60cm

作者：王万禄（成都）

悬露的根爪和弯曲的主干令垂丝海棠在娇媚中增添了几分劲健，而滚枝式的蟠扎尽可能多地保存花枝并压缩在一个有限的空间里。艺术性和科学性就是这样在川派盆景的技法里得到完美的结合。

【柏韵】

树种：翠柏　树龄：40年

飘长：110cm

作者：何成友（成都）

如高山流水，奔涌而下，溅起碎琼乱玉；似美妙旋律，跌宕起伏，奏出佳句华章。细细体察，韵味无穷。

【相依】

【相依】

树种：金弹子　树龄：80年

树高：120cm

作者：张重民（成都）

构图呈奔腾之势。两株老树相依于山野之中，历经百年风霜，仍飞动飘逸，显傲立之风骨。

【恋惜】
【中华图腾】

【中华图腾】

树种：黄荆　树龄：35年
树高：100cm
作者：周润武（重庆）

有如现代抽象派的雕刻，朦胧、怪诞，反复品味，确乎可以看见巨龙腾跃翻卷的形体和情节，这就是古老传统里的现代艺术。

【恋惜】

树种：榆树　树龄：40年
树高：80cm
作者：钟加华（成都）

两件榆桩的造型和组合十分奇妙，如二人依依惜别，顾盼低回。两树根连根，枝牵枝，相近而不拥堵，避让非常得当。

【奋进】

【奋进】

树种：银杏　树龄：60年

树高：80cm

作者：罗国洲（成都）

古老的银杏树桩气势威武雄壮，主干斜身挺出，呈昂首阔步之态。蓝色金钟盆沉着稳当，使树桩强烈的动势得到平衡。

【临水问金秋】

【翠枝探春】

【翠枝探春】

树种：刺槐　树龄：20年

树高：46cm

作者：万海清（德阳）

似青鸟展翅，若绿云飘逸。具象其形，抽象其神。形神合一，栩栩如生。树下老者，感怀逝去的岁月，尽情享受这美好的春光。

【临水问金秋】

树种：金弹子　树龄：40年

飘长：110cm

作者：陈先益（成都）

植物的倒悬生长是植物的抗逆性的一种表现，而树桩盆景的制作除了利用这一特性以外，又要照顾植物的生理需求而在栽培技术上给予满足。支撑这副壮实身躯的是如此细小的根颈，这夸张地展示了树桩的"悬"和"奇"，而枝盘的健茂和果实的丰满则显示了高超的栽培技术。

【跋涉】

【独步莽原】

【跋 涉】

树种：豆腐材　树龄：50 年

树高：70cm

作者：罗廷云（成都）

光洁的枝干展现出瘦劲的躯体，而树身的前倾和树枝的伸展在明示跋涉者的艰辛和顽强。作者巧妙利用了这种乡土树种的植物学特征，创造了一种激励奋进的意境。

【独步莽原】

树种：金弹子　树龄：60 年

树高：60cm

作者：李平志（成都）

金弹子树桩的造型呈跨步疾走状，似入无人之境。简朴的紫砂马槽盆承载了这种原始和狂野。

【壮心不已】

【壮心不已】

树种：金弹子　　树龄：80 年

树高：100cm

作者：陈开钦（温江）

老而弥坚，大器晚成。这株枝果丰盈的金弹子显示了沉着、镇定的性格和所向披靡的气魄。作者创造的这个艺术形象，我们也可以视为一位盆景老前辈的身世成就的缩影。

【雪域朝圣者】

【高原劲舞】

【雪域朝圣者】

树种：西藏圆柏　树龄：80 年

树高：70cm

作者：王永刚（南充）

这件作品利用西藏树种制作的树桩盆景，给我们保留了更多的粗犷和原始，这也启发我们的盆景艺术家在植物材料和创作题材方面去拓宽盆景世袭领地的新疆界。要知道，越是民族性、地域性的东西越具有代表性和世界性。

【高原劲舞】

树种：西藏圆柏　树龄：90 年

树高：90cm

作者：王永刚（南充）

阳光、高寒和暴风雪，西藏特殊的自然条件造就了特有的植物材料的体貌特征。除了原始和粗犷，这件作品还洋溢着豪迈和狂放，简直就像一位藏族壮汉在跳"锅庄"。在这里，民族的形式与民族的内容达到了统一。

【望月】

【望 月】

树种：金弹子　树龄：80年

树高：70cm

作者：杨文志（成都）

酷似走兽，形神兼备。树干的取舍，根爪的去留以及枝盘的定向培植和修剪方能造就这样的艺术效果。以植物材料创作动物或人物形象，其“神似”比“形似”更为重要，这里有高下之别，有文野之分。

【高枝绕云】

【高枝绕云】

树种：六月雪　树龄：20 年

树高：80cm

作者：雷慧中（成都）

小中见大，虽矮尤高，20岁的六月雪却具备参天大树的体貌特征和挺拔伟岸。难怪这一地方性的树种能得到各地同仁的青睐。这组六月雪的组合耐人寻味，靠拢盆边和稍微倾斜的栽植更增添了挺拔之感。

【夜静思】
【千秋峥嵘】

【千秋峥嵘】

树种：金弹子　树龄：60年

树高：90cm

作者：邹秋华（成都）

长期的山野生存造就了这类树桩的苍劲和古拙，三出头的分枝变化出聚散和错落。典雅的浅色紫砂盆使主体更加凸现。随着时间推移，这件作品的枝盘会益发丰满，整体的气势更得以加强。

【夜静思】

树种：金弹子　树龄：30年

树高：20cm

作者：曾祥茂（什邡）

树桩盆景小品的要义是精致，精致来自素材的凝练和精心加工。主干呈问号似的弯曲，勾画出一个冥思苦想的形体，枝盘配搭恰如其分，果形的硕大更耐人玩味。

【硕果累累】

【夕阳红】

【夕阳红】

树种：金弹子　树龄：60 年

树高：150cm

收藏：成都杜甫草堂博物馆

老成的主干和接近自然状态的树冠，使得这件大型的树桩呈现老当益壮的形象。下一步的工作是通过适当地修剪蟠扎来强调层次感。

【硕果累累】

树种：金弹子　树龄：60 年

树高：70cm

作者：张远信（成都）

树桩的根蔸和枝干探身盆外，打破了静态构图，而配石和回首的老桩展现了动态的平衡。

【古松叠翠】

【古松叠翠】

树种：罗汉松　树龄：50年

树高：90cm

作者：周树成（温江）

粗短而斜生的主干给人蓄势待发的感受，上部健壮的枝盘承接下部的气势加以贯通和畅达。喇叭形的花盆与尖底形基座的重叠，在险悬中仍能让人感到沉着和稳定。

【扶摇直上】

【扶摇直上】

树种：六月雪　　树龄：40 年

树高：65cm

作者：何子元（成都）

成熟的六月雪树桩十分耐看。主干的左弯、右拐营造上升的态势，而下大上小逐渐收缩的枝盘更增强了步步升高的意念。主干运行是旋律的主线，而枝盘的规律感和节奏感来自于视觉感受。

【临崖翘首】

【我欲乘风归去】

【我欲乘风归去】

树种：九重葛　　树龄：40 年

树高：60cm

作者：裴家庆（重庆）

作品以柔弱造就坚挺，以动感造势，表现出一种潇洒旷达的精神风貌和顽强的生命特征。

【临崖翘首】

树种：黄葛树　　树龄：20 年

飘长：60cm

作者：樊训英（自贡）

黄葛树具有顽强生命力，有利于作成悬崖式或附石式树桩盆景，川派盆景的作者善于利用这一特性，在"悬"和"奇"上大做文章。主干先下探而后反翘，表达出顽强和不屈的意念。带刚性的配石，除了构图上的平衡作用，其形状和质感亦服务于主题的表达。

【奔腾急】

【傲骨】

【傲骨】

树种：金弹子　树龄：70年
树高：120cm
作者：张建军（成都）

多条主干的奇妙穿插绞结而又傲然向上崛起，在古怪中包含孤傲，枝盘看似不经意的分布，向我们展现了一个放荡不羁甚至几近癫狂的形象。

【奔腾急】

树种：银杏　树龄：30年
树高：60cm
作者：陈志君（温江）

极度倾斜的主干，向后折转的枝盘，造成急速奔驰的动势，且有回首顾盼的意味。左下弱枝在日后留长做好，则造型更为完美。

【虬龙入云】

【虬龙入云】

树种：圆柏　树龄：50年

树高：55cm

作者：毛位华（成都）

主干和分枝自由盘曲、穿插和绞结，至梢部呈三向舒展，呈盘龙翻卷腾跃之势。部分表皮剥落的树干更显示出苍劲和古老。悠长的古色、古香和古韵，留给观赏者更多的回味。

【百年魔怪舞翩跹】

【百年魔怪舞翩跹】

树种：金弹子　树龄：80年

树高：50cm

作者：胡世勋（温江）

四川的金弹子，自然资源非常丰厚，以致千奇百怪的树形和根态应有尽有。独具慧眼的选材和匠心独运的加工，方能使魔力变为魅力。且不说根蔸和枝盘的品味，看如此硕大和密集的果实，真叫人相信乃魔力所为。

【傲霜】

【迎风展臂】

【傲霜】

树种：罗汉松　　树龄：40 年

树高：70cm

作者：邓文祥（自贡）

饱经风霜仍然強壮坚挺，松树的风貌寄寓着人的品格和情操。大树下，磐石上，一对老者谈笑自若。这对摆件既衬托出了松树的高大，阅历丰富的老人又起着烘托主题的作用。

【迎风展臂】

树种：罗汉松　　树龄：60 年

飘长：40cm

作者：符建英（成都）

树桩盆景的气势和气韵依靠树桩的姿态和姿势来表达。弓形的主干，左长右短、左放右收的飘枝，向我们展现出长袖善舞、飘飞欲仙的形象。盆景的身法、枝法与舞蹈似乎有着共通之处，因为它们都是造型艺术。

【忘归】

【忘归】

树种：胡颓子　树龄：40 年

树高：60cm

作者：陈志贵（温江）

树干两处几近直角的转折，创造出一个执着而又平实的形象。第一弯拐处的向左出枝意在平衡，而第二弯拐处的向右下方出枝则收到补白和增添生动的效果。

【跃】

【林茂江清】

【跃】

树种：金弹子　树龄：70年

飘长：40cm

作者：雷自然（成都）

一件树桩盆景，素材的选择和加工诚然重要，而精当的栽植则能充分体现其神韵。浅盆高栽，主体凸现。主树适度的倾角，提示了力的方向和力度。是破土的犁铧，还是下山的野兽？你尽可以根据形体和动势发挥想像力。

【林茂江清】

树种：金弹子　树龄：60年

树高：130cm

作者：王肇福（大邑）

一株多干，主次分明，高矮有序，宛如丛林。悬露的根爪和横向连接的树干，给人以置身深山老林的感觉。枝盘分布基本到位，今后再多出一些变化，则整体形象更为生动。

【汉晋风韵】

【汉晋风韵】

树种：圆柏　树龄：90年

树高：85cm

作者：赖胜东（成都）

主干螺旋形的扭曲，似乎积蓄了千钧之力，枝盘的强健和丰茂是这种内力的外延。这件树桩气势雄壮，势不可当。

【春林展秀】

【擎天拂云】

【春林展秀】

树种：小叶女贞　树龄：30年

树高：60cm

作者：万海清、范继宝（德阳）

这件作品以小叶女贞特有的柔枝细叶，体现一种娟秀之美。真是善舞长袖迎春到，美妙新姿动人心。

【擎天拂云】

树种：罗汉松　树龄：100年

树高：120cm

作者：杨永木（成都）

古韵悠长，雄风犹存，这件树桩凹凸的树干和稳固的根蔸突现其古老，洗练的枝盘颇具画意。苍干挺立，有擎天揽云之势；劲松翘首，呈抬臂迎客之姿。松树风格，此乃真实写照。

【形云】

【偎依】

【形云】

树种：紫薇　树龄：50 年

树高：170cm

作者：张树发（都江堰）

光滑柔顺的枝干，托起繁密的花序，如云霞映照。树枝蟠曲和游移，似若在搅动云朵。三枝伸屈自如，尽显飘逸柔韧之美。

【偎依】

树种：银杏　树龄：80 年

树高：100cm

收藏：成都杜甫草堂博物馆

由于银杏奇特的形状，恍若奇峰突起，危乎高哉。故银杏笋做成树桩盆景，容易取得特殊效果。这种树桩分生出一个小的银杏笋，让人联想到母子情深，相依相伴。

【硕果垂金】

【硕果垂金】

树种：金弹子　树龄：100年

树高：70cm

作者：刘仕洪（都江堰）

纷繁而优美的根枝托起匀称而披拂的枝盘，碧叶掩映着红艳可人的金弹子。观赏者能感受到秋季丰收的欣慰，更欣赏到了绚丽的秋色。

【壮志凌云】

【壮志凌云】

树种：榔榆　　树龄：100 年

树高：140cm

作者：杨勇（温江）

气冲霄汉，挺立天际，这件大型的树桩以雄健苍劲的主干和贯通的顶枝构成了气魄宏大的主体。左右枝盘的变化使之更富生气。

【老有所为】

【亭亭玉立】

【亭亭玉立】

树种：六月雪　树龄：30 年

树高：60cm

作者：陈思甫（成都）

这件川派掉拐的代表作，其身法和枝法沿袭了川派盆景的传统，可视为效法的样本。摇曳的身姿和疏朗的枝叶，透露出一种秀美。

【老有所为】

树种：金弹子　树龄：60 年

树高：50cm

作者：钟杰（都江堰）

粗硬的主干和憨态的根蔸组成一种老当益壮的形象，前倾的身姿表达着奋进的意志。古朴的花盆与树桩的造型相匹配。日后顶部蓄留枝盘，即可免除突兀之感。

【龙游云海】
【惊回首】

【龙游云海】

树种：金弹子　　树龄：40年

飘长：30cm

作者：干凤鸣（成都）

相互交织的根爪支撑着粗壮的主干和修长的飘枝，生物形态的奇妙、植物生理的奥妙和盆景艺术的美妙在这里融为一体。是飞身天地，还是龙探云海？人们可以从似与不似之间找到答案。

【惊回首】

树种：金弹子　　树龄：80年

树高：60cm

作者：王万禄（成都）

舒展自如的体态，散发着原始和质朴的气息。这种不露人工雕琢痕迹的作品，透露出盆景创作中返朴归真的追求。

【劲节临风】

【劲节临风】

树种：对节白蜡　树龄：70 年

树高：90cm

作者：杨永木（成都）

根盘微露，主干茁壮，给人以稳定的感觉。主干上部的两度转折和疏密得当的出枝，使之更为真实生动。有的部位以半拐出枝，避免了人工修饰的痕迹。令树姿更生动传神。

【矫若游龙】

【矫若游龙】

树种：榆树　树龄：80年

树高：120cm

作者：胡开强（温江）

坚如磐石的根蔸，壮若游龙的主干，凝炼了强大的内力。主干的弯曲和枝盘的伸展使这种内力得以迸发。而极有节津的枝形的变化让人感到舒展和流畅。

【洒向人间】

【金秋之歌】

【金秋之歌】

树种：金弹子　树龄：80 年

树高：50cm

作者：易尊荣（什邡）

前倾的树身和逆转的双干形成一种动态的平衡。树干的曲折颇具画意，并由此呈现出内在的骨力。

【洒向人间】

树种：杜鹃　树龄：50 年

飘长：60cm

作者：林国江（重庆）

观花树桩修剪蟠扎时要尽可能多地保留花枝。造型时充分考虑到将全部花朵完美地呈现出来。

【步步高】

【飘然】

【飘 然】

树种：金弹子　　树龄：70 年

树高：78cm

作者：刘光新（成都）

悠然如应声而起，飘然如遗世独立。根爪交错而不杂乱，身段粗直而不生硬。右侧的小枝和配石起到平衡构图的作用，又照应了顶部枝盘。

【步步高】

树种：罗汉松　　树龄：50 年

飘长：110cm

作者：林锡葵（都江堰）

像层叠的云朵，又像碧玉的台阶。用罗汉松作成的半悬崖式树桩，在矜持中显露飘逸。用均釉千筒盆栽植，增强了陡悬的效果。

【飞天】
【丰收在望】

【飞天】

树种：火棘　　树龄：25年

树高：40cm

作者：王健（成都）

主干的游动妙趣横生，树冠的完美令人惊叹。用火棘培养出杂技演员般的造型，让我们不得不佩服作者巧妙的构思和持续的劳作。

【丰收在望】

树种：金弹子　　树龄：50年

树高：60cm

作者：杨国成（温江）

对称的出枝造就稳定感，而主干的弯曲则打破了僵直。典型的川派树桩盆景作品，通过身法、枝法的灵活应用，解决了诸如主与次、曲与直、长与短、疏与密等问题，使其艺术性达到出神入化的境界。

【松风万里】

【宁折不屈】

【宁折不屈】

树种：金弹子　树龄：60 年

树高：50cm

作者：李青云（内江）

这是用枝干书就的狂草，这是用钢铁锻成的雕塑。一弯一拐都记录着岩缝里的挣扎和亢奋。

【松风万里】

树种：五针松　树龄：30 年

树高：50cm

作者：吴仕伦（温江）

主干呈接近九十度的弯拐，弯拐后的伸屈蕴含着张力。在风霜雨雪中，坚守着松的信念和节操。

【壮心不已】

【壮心不已】

树种：金弹子　树龄：60年

树高：50cm

作者：马善礼（都江堰）

向左看，似奋进的人，闪耀着金色的年华；向右看，像古老的犁铧，翻耕着黝黑的田野。这样的艺术形象总让人看到崇高的感情和伟大的哲理。

【飘】

【飘】

树种：罗汉松　　树龄：40年

树高：100cm

作者：吴庆和（自贡）

“繁枝容易纷纷落”，简练是艺术的升华。作品以简约手法在主干顶部制作了四处弯转，以及转折之后的八度出枝，表现了作品飘逸的神韵。

【飘　逸】

树种：金弹子　　树龄：20年

飘长：60cm

作者：王建清

大悬崖式的作法虽有悖于植物的生长特征，却是利用了植物的抗逆性。通过精细地、科学地栽培和加工制作，这株金弹子终能保持硕果累累，直至尖梢。

【迎　风】

树种：罗汉松　　树龄：40年

树高：70cm

作者：张利（自贡）

微微倾斜的主干显得极其自然，出枝的方位和长短也甚为讲究，丰满的树冠亦日臻完美。迎风挺立、悠然自得的松树形象，寄托着对人格自我完善的追求。

五、水旱盆景作品赏析

【翠染山林】

【翠染山林】

树种：对节白蜡（配龟纹石） 树龄：40年
景高：80cm 盆长：90cm
作者：胡世勋（温江）

树物材料配搭得当，屈直俯仰宛如天成；驳岸的处理细腻妥贴，起承转合顺应自然。在汉白玉浅盆的衬托下，川江水岸的壮丽景色尽收眼底。

【天台秋意图】

【欸乃一声山水绿】

【天台秋意图】

树种：红枫（配千层石）　树龄：15年

景高：70cm　盆径：50cm

作者：邹秋华（成都）

左低右高的两树红枫形成呼应，而中间斜向配植的红枫则形成穿插。以千层石为配石，使人仿佛看到了天台山的层峦叠嶂，看到了红于二月春花的霜叶。

【欸乃一声山水绿】

树种：六月雪（配砂片石）　树龄：20年

景高：90cm　盆径：80cm

作者：陈华（成都）

树桩与山石在体量上大大夸张的比例，一方面凸现了大树的挺拔和伟岸，也衬托出山峦的高远和深沉。渔夫撑船的小小摆件反衬出山体高大和江水浩茫，不由使人想起“蜀江水碧蜀山青，圣主朝朝暮暮情”的诗句。

【盼　归】

【野　渡】

【野　渡】

树种：贴梗海棠（配龟纹石）　树龄：30 年
景高：50cm　　盆长：80cm
作者：李丹（成都）

“野渡无人舟自横。”此处野渡却有两位依依惜别的友人。岸上也是树两棵，高低搭配。高者挺立，极目远眺；低者回首，欲行又止。情景交融，意味悠长。任意形的花盆增添了野趣。花盆的边线流畅，给人以浪推舟行的动感。

【盼　归】

树种：六月雪（配砂片石）　树龄：15 年
景高：60cm　　盆长：70cm
作者：朱永明（成都）

两树全身前倾，而又昂首望远，这种向前趋赴的树势表达出盼归的意态，简洁的海岸曲线使人联想起海面的辽阔。盼归的心意是如此急切，期盼的是归舟、归人还是归心？不同阅历和遭遇的人都可以有自己的解释。

【一江春水向东流】

【一江春水向东流】

树种：金弹子（配钟乳石） 树龄：80年

景高：70cm　盆长：100cm

作者：林锡葵（都江堰）

“问君能有几多愁，恰似一江春水向东流。”表达的是无尽的哀婉和惆怅。而这件盆景展现的却是蓬勃的生机和强烈的进取。枝干的骨感、动感和有力的转折，其完美的造型本身就是对生命、对自然、对时光的礼赞。

【悬崖叠翠】

【悬崖叠翠】

树种：六月雪（配龟纹石） 树龄：20年

景高：80cm 盆长：80cm

作者：胡开祥（温江）

龟纹石组成陡峭雄奇的崖岸，悬崖峭壁上无一例外斜栽植的六月雪摆成前冲的树阵，丰茂的枝盘如翠云层叠，飘飞山巅。巴山蜀水的雄奇，在这件作品中生动再现。

【南国神韵】

【铁干丹心】

【南国神韵】

树种：棕竹（配卵石）

景高：70cm　　盆长：90cm

作者：邹秋华（成都）

用四川的植物材料和石材来表现异域情调，足见四川盆景材料的丰富和盆景作者视野的广阔，川派盆景的包容性和展延性可见一斑。棕竹的丛生状态和潇洒姿容较好地再现了南方植物的情态。

【铁干丹心】

树种：贴梗海棠（配砂片石）　树龄：50年

景高：85cm　　盆长：100cm

作者：杨茂盛（都江堰）

左低右高，前倾后仰的两树造成形影相随、踽踽而行的情态。苍老劲节的枝干显示出坚毅与骨气。砂片石的瘦劲和贴梗海棠的苍劲互为补充。愈老弥坚、铁干丹心的形象生动地呈现出来。

【古松清韵】

【古松清韵】

树种：五针松（配砂片石）　树龄：30 年

景高：90cm　盆长：100cm

作者：黄寅逵（成都）

一弯溪水穿石而下，两组古松林立溪畔，守望苍山。作品的情调静穆、恬淡，作者用质朴无华的造型和构图来抒发对青松的高风亮节和安贫乐道的赞美。

【鹤鸣山村柳色新】

【清风拂拂碧波静】

【鹤鸣山村柳色新】

树种：柽柳(配云母片石)　树龄：10年
景高：40cm　盆长：90cm
作者：李祥林（成都）

这组柽柳的枝干可谓千姿百态，意趣盎然，充满山村的野趣和奇趣。梯状的地貌交待了特定的环境。没有人物，也没有房舍，但却可以感受到人的存在，以及其生存空间的寂寥，"柳色新"则点明了山村的活力和希望。

【清风拂拂碧波静】

树种：柽柳（配卵石）　树龄：30年
景高：95cm　盆长：110cm
作者：冯英（成都）

老干横江，枝叶青翠、秀丽。柔美的树冠掩映江面。用鹅卵石组合的江岸呈梯步入水，使人联想到人类的活动如汲水、浣衣等，那时碧波不再平静，嬉戏之声依稀可闻。这是一件引人遐想、充满江村情趣的作品。

【云霞涛声】

【云霞涛声】

树种：六月雪（配龟纹石） 树龄：20年

景高：95cm 盆长：110cm

作者：张凯（成都）

树形、树姿多变是这件作品选用植物材料的特点，再加之高、矮、直、斜、俯、仰的变化和穿插，使得构图十分生动。陡峭曲折的崖岸，乃激流冲刷使然，涛声在绿色的云霞中回荡，欣赏者可以感受到作品的震撼力量。

【野渡垂荫】

【渔趣图】

【渔趣图】

树种：金弹子（配云雾石） 树龄：60 年
景高：50cm 盆径：60cm
作者：周青（成都）

三株树桩的造姿可用"怪异"来名状，而残缺的树冠使人联想到雷劈风摧的壮烈场景，从而渲染了野渡的荒僻。山石的硕大和雄浑更对比出垂钓者的瘦小。趣在何处?在于大自然的野趣，自然物的谐趣和垂钓者的奇趣。

【野渡垂荫】

树种：金弹子（配钟乳石） 树龄：50 年
景高：110cm 盆长：110cm
作者：赵春强（都江堰）

一棵主干横卧的古树几乎覆盖了江边渡口，这类景观在四川各地并不少见，树形的怪异和江岸的荒凉烘托出一个"野"字。日后主干尖梢部分培育到相称的粗度，则更为自然和有力。

【雏凤朝阳】

【翠拥山溪】

【翠拥山溪】

树种：六月雪（配砂片石）　树龄：20年

景高：40cm　盆长：110cm

作者：江波（成都）

一条溪水从山间流过，左右两部分砂片石组合而成的山体呈峰峦叠翠之状。我们在山野很容易见到山体的断层以及岩层被江水切割的状态。右边的一组六月雪俨然是大树横空，跨越山溪，全然笼罩了右边的山峰。这种夸张的造型组合达到了"翠拥"的效果。

【雏凤朝阳】

树种：苏铁（配龟纹石）　树龄：80年

景高：80cm　盆径：60cm

作者：韩兴林（成都）

铁树是一种个性突出的盆景植物材料。鳞状的树皮，羽翼般的叶片，形成一种古拙而又苍劲的风貌。这件作品的主体是铁树，大者呈昂首奋飞之状，小者亦显跃跃欲试之态。富有动势的栽植方式和砂片石的趋向更增强了"朝阳"的意境。

【听　涛】

【听　涛】

树种：罗汉松（配砂片石）　树龄：50年

景高：80cm　盆长：110cm

作者：巫少帮（成都）

一棵饱经风霜的松树，正侧身倾听万顷松涛的汹涌澎湃，恰好是主干和枝盘的左倾和右伸摆出了"倾听"的姿态。恰当配置的山石显示出山体的雄伟、险峻和松树的苍劲。

【扶老携幼】

【扶老携幼】

树种：六月雪（配龟纹石）　树龄：15 年

景高：100cm　盆长：140cm

作者：胡世勋（温江）

五针松美丽的松冠使人联想起松涛和云海，这件作品枝盘的层叠和递进更增添高远的效果。浅色配石和深色树干的反差，以及棱角分明的块状石材，使凝重的基调加进了明快的意味。

【寐　思】

【沧浪古木图】

【沧浪古木图】

树种：六月雪（配龟纹石）　树龄：15 年

景高：100cm　　盆长：150cm

作者：陈义全（温江）

被山洪猛烈冲激而裸露的山崖，顺着山谷渐行渐远的山溪，构成了山地壮美的景色。而山间崖畔傲然挺立的一群古树，显示出另一种壮美——带有舞蹈韵味的主干和枝盘造型流露出优雅的古典美。

【寐　思】

树种：六月雪（配砂片石）　树龄：15 年

景高：40cm　　盆长：80cm

作者：陈思甫（成都）

通常卧干式盆景为旱盆栽培，而此盆景为水盆附石。意为身居孤岛的华夏儿女，朝思暮想回到祖国大家庭的怀抱。

【清溪映苍翠】

【黄龙古渡】

【黄龙古渡】

树种：金弹子（配砂片石）　树龄：40年

景高：60cm　盆长：70cm

作者：林泽贵（成都）

黄龙溪是成都郊区的一个古镇，以风景秀丽、民风淳厚著称，作品用黄龙古渡的典型场景来表现古镇风貌，这就是以局部概括全体的手法。将金弹子加工成大树形态，着果时可收到特殊效果，砂片石作驳岸很好地体现了川西河岸的特征。

【清溪映苍翠】

树种：六月雪（配卵石）　树龄：20年

景高：40cm　盆径：50cm

作者：何江（成都）

两组婀娜多姿的六月雪聚散有序，主干虽不粗壮，但螺旋形的表皮纹理却呈现出老树的沧桑之态，青翠的枝盘更显示出顽强的生命力，选用尚未磨圆的立方形鹅卵石作驳岸，表现出溪流的湍急和溪岸的陡悬。

【蜀汉古韵】

【蜀汉古韵】

树种：栒子（配龟纹石） 树龄：40年

景高：70cm 盆长：100cm

作者：李东（自贡）

树干从基部蓄留成粗细相近的双干。两干取不同倾角，至三分之一处相向内弯，再加上枝盘的交错分仰，形成了有合有分、虽分犹合的造型。这种聚散分合的视觉形象自然勾引起人们对蜀汉的追忆和遐想。龟纹石的厚重与雄浑让人联想到"观沧海"的历史典故。

【嘉陵云霞图】

【田园曲】

【田园曲】

树种：金弹子（配龟纹石）　树龄：20 年

景高：60cm　盆长：70cm

作者：田源（重庆）

这是川东依山傍水、古树危崖的田园。祖居三峡库区的巴人，世世代代过着这样的田园生活。

【嘉陵云霞图】

树种：杜鹃（配龟纹石）　树龄：30 年

景高：70cm　盆长：80cm

作者：杨树林（重庆）

一株似高举双手搅动云烟，另一株似俯身江面抚慰风帆，两株形态迥异的杜鹃组合得别有韵味。花开时节，花朵铺满树冠，宛若灿烂的云霞，与辉映碧水蓝天交相辉映，何等的壮观！

【我家就在岸上住】

【我家就在岸上住】

树种：杜鹃（配龟纹石）　树龄：30 年

景高：70cm　　盆长：110cm

作者：甘伟（重庆）

陡急的江岸危崖使人想到江流的湍急，露出江面的礁石让人感到行船的艰险。岸上那棵荫庇全景的大树，洋溢着巴人的豪迈与潇洒。远方若隐若现的归舟，正向着令人神往的“家”驶来。这是一件寓情于景、情景交融的作品。

【嘉陵畅想曲】

【嘉陵畅想曲】

树种：杜鹃（配龟纹石） 树龄：30年

景高：60cm 盆长：80cm

作者：许泽（重庆）

嘉陵江是巴人的母亲河。对嘉陵江的赞美、依恋和感恩，引发出人们许多的灵感和情结。云霞般的树冠和迷茫的江水营造出诗一般的境界，令人不由得对嘉陵江产生无尽的怀想：壮阔的场景，历史的传说，还有对未来的憧憬。盛开的杜鹃更增添梦幻的效果。

【平湖秋韵】

【乐在其中】

【平湖秋韵】

树种：六月雪（配砂片石）　树龄：20 年

景高：70cm　盆长：80cm

作者：付子良（成都）

游移的树干和疏朗的枝盘流露出秋的孤寂和落寞，白色浅盆显露出湖水的平静和清浅。构图富于装饰性，并带有古画的韵味。六月雪这种树种在夏季着花时有着独特的观赏效果。作者用它来表现秋景，显露了独特的艺术眼光和艺术手法。

【乐在其中】

树种：金弹子（配龟纹石）　树龄：50 年

景高：70cm　盆长：80cm

作者：李国强（重庆）

连根的双干如一老一少，相互对视，还是舒臂对舞？抑或是引亢高歌？无论怎样，其乐融融已是确信无疑的。在作品中，我们看到沉雄和壮美，也看到了明朗和乐天。这些作品的风格处处折射出巴人的天性和气质。

【天际识归舟】

【天际识归舟】

树种：六月雪(配砂片石)　树龄：15 年
景高：60cm　　盆长：60cm
作者：吴平国（成都）

六月雪挺拔、舒展和飘逸，在这件作品中得以充分体现。川西河岸秀丽的景色，用砂片石表现更为典型。六月雪顶部枝盘呈仰望之态，似若翘首眺望从天边缓缓驶来的归舟。作品里虽然没有小船的摆件，但我们从树桩造型所表达的急切企盼的神态中可以感觉到“归舟”的存在。这就是虚实结合的手法。

【板桥画意】

【浮图雄关】

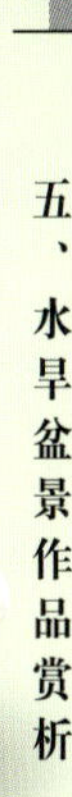

【板桥画意】

树种：竹(配龟纹石)

景高：35cm　　盆长：80cm

作者：张年体（重庆）

这件竹石盆景用凤尾竹和龟纹石作成，表现了四川山间溪畔的竹林风光，场景疏朗秀丽。龟纹石作成的河岸透露出瘦劲和峻峭。这些表现手法与板桥的画风相吻合。“丛篁密条遍抽新，碎剪春愁满江绿”，我们也可以从盆景作品中体味到古人画中的意境。

【浮图雄关】

树种：杜鹃(配龟纹石)　　树龄：10年

景高：40cm　盆长：　80cm

作者：李子全（重庆）

右边主体山崖以龟纹石作成，占据盆长的一半，其体态十分准确地表达出“雄踞”的气势，左方微露江面的山石更衬托出这种居高临下的气韵。山顶树桩向江面倾斜，似有“一夫当关，万夫莫开”的气势。这种川东峡江特有的险峻和壮美，更表现出作者的豪爽与奔放的性格。

【秋水长天】

【故　里】

【故　里】

树种：竹（配砂片石）

景高：50cm　盆长：120cm

作者：周厚西（成都）

竹林，茅舍，纵横的溪流，广袤的田野，川西农村特有的风貌，让出生在这里的人们，永生永世难以忘怀。杜甫诗云："桤林碍日吟风叶，笼竹和烟滴露梢。"这件作品向我们展示出葱笼、健茂而又飘逸、清新的竹溪风情，如此美好家园，让归来的游子，沉醉其间。

【秋水长天】

树种：虎刺（配砂片石）

景高：45cm　盆长：80cm

作者：江平（成都）

秋水来自秋色的点染，而秋色则来自秋实的渲染。在四川盆景的植物材料中，虎刺较为矮小，常作山石的"配角"。这件作品却以虎刺充当主角，营造出一片秋天的山林，正是"小中见大"的又一范例。虎刺的瘦劲、疏朗和红艳的果实，正是表现秋色的要素。因材施用，岂不妙哉。

【竹石双清】

【竹石双清】

树种：竹（配砂片石）

景高：70cm　盆长：50cm

作者：魏柏良（成都）

石之清癯，竹之清新，可谓“双清”。如果再加上溪流的清沏和盆景构图的清爽，就远远不止了。除去愤世嫉俗的孤傲，这件作品很好地展现了竹之品味的另一个侧面——劲健和清新。竹以虚心劲节而立世，石以刚柔相济而自持，人品亦当如此。

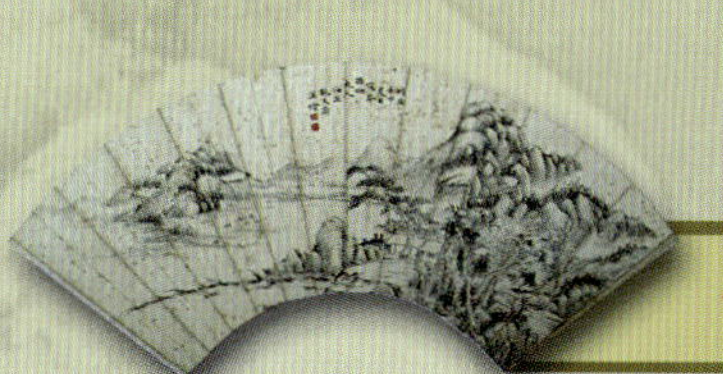

六、山水盆景作品赏析

【又见炊烟】

【又见炊烟】

石种：龟纹石(配虎刺)

景高：40cm　　盆长：100cm

作者：陈荣国（重庆）

矮小然而形神兼备的虎刺在这里反衬出山体的雄伟和峡江的深远。有形的石桥和无形的炊烟表明人的存在以及与外部世界的联系。大自然的宏伟和人类的拓荒精神同时得以展现。"又见"包含着探寻者历尽艰辛之后的惊喜发现，而看不见的炊烟给予我们无尽的遐想和慨叹。

【大江东去】

【西峡行舟】

【大江东去】

石种：龟纹石

景高：35cm　　盆长：60cm

作者：田一卫（重庆）

用盆景体现苏轼《浪淘沙·赤壁怀古》的词中意境，须有广阔的场景、恢宏的气势、深沉的气韵。这件作品主峰是空傲立，山势逶迤而下，占据盆长三分之二以上，江水从险峰危崖之下夺路东流，大江东去、惊涛裂岸的宏伟和壮阔场景历历在目。

【西峡行舟】

石种：龟纹石

景高：40cm　　盆长：80cm

作者：高明瑞（重庆）

三峡之中，以西陵峡的陡峭和险峻为世人叹服。作者用两组怪石嶙峋的龟纹石和山石间狭窄幽深的江水再现了西陵峡的本质特征。江中渐行渐远的帆船摆件让人联想到山体的高悬和崖壁的陡峭。龟纹石的加工细腻而妥贴，表现出作者对龟纹石的应用已达到了炉火纯青的境界。

【一江烟水】

【享尽山水情】

【享尽山水情】

石种：千层石（配虎刺）

景高：60cm　　盆长：120cm

作者：秦树森（成都）

奇峰拔地而起，挺立于天地之间，危乎高哉！这场景，似曾相识，是在江油的窦圌山，还是张家界武陵源？千层石尽显山体的断层现象，每一层都记载着大自然的变迁。

【一江烟水】

石种：龟纹石

景高：35cm　　盆长：120cm

作者：唐波（重庆）

作品中山石的主体被安排在盆盎的左后方，用前方的盆面来展现江面的辽阔和江水的浩渺，突出"一江烟水"的主题。"烟笼寒水月笼纱"，"烟波江上使人愁"，烟波浩渺的江水，给人如梦如幻的感觉，往往使人愁肠百结。

【水远山高处处同】

【水远山高处处同】

石种：云母片石（配虎刺）

景高：40cm　　盆长：120cm

作者：胡世勋（温江）

用云母片石精心制作的秀山幽水，比起那些刀截斧断，危崖耸峙的山体来，自有它的特色：临江而起的峰峦，浑圆的山顶，层次分明的岩层，富于曲线美的外部轮廓。宛约，柔美，舒展，令人心驰神往。

【纤途风云】

【纤途风云】

石种：砂片石（配虎刺）

景高：65cm　　盆径：60cm

作者：李平志（成都）

一提起川江纤夫，往往与艰险、苦难和危险联系在一起，因为四川的险山恶水实在令人敬畏。作者为我们设计此处山水，真个让人望而生畏。一山飞峙，绝壁横陈，令人感到奇异、诡谲，这组绝妙的山石布局，具有一种魔幻般的美。好像川江纤夫们必须穿越的"鬼门关"。

【清风几度拂云林】

【云山叠彩一空亭】

【清风几度拂云林】

石种：川北石（配虎刺）

景高：45cm　盆径：50cm

作者：刘永（成都）

层峦叠嶂，峡江绝壁，清风拂崖，飞枝凌空。这件用川北石制作的山水盆景为我们营造出一处"鸟飞绝""人踪灭"的胜境，圆形的浅盆更衬托出峰峦的耸峙。川北石的纹理细腻，与国画笔法有异曲同工之妙。

【云山叠彩一空亭】

石种：川北石（配虎刺）

景高：50cm　盆长：110cm

作者：周青（成都）

川北石或显灰色的沉静，或呈黄色的明丽，仰或灰黄交加，云山叠彩，绚丽迷人。与"清风几度拂云林"相同，作品的山体都是川派擅长表现的高深陡悬，但山脚的处理借鉴了岭南派的细腻和多变。各流派间技艺的交融更提高了作品的表现力。

【青山绿水映碧空】

【青山绿水映碧空】

石种：砂片石（配六月雪）

景高：60cm　　盆长：120cm

作者：杨涛（成都）

“蜀江水碧蜀山青”，唐代大诗人白居易的诗句对四川山水的本质特征作了最精当的概括。而这件用优品砂片石精心制作的山水盆景，向我们呈现出四川“原生态”的青山绿水。山石的组合自然贴切，其布局也别出心裁。这不由得使我们想起了壮美的长江三峡，以及与其相连的美丽清纯的大宁河。

【孤帆远影碧空尽】

【孤帆远影碧空尽】

石种：砂片石(配翠柏)

景高：70cm　盆径：70cm

作者：黄新良（成都）

主山高低错落，客山聚散有序。峡江穿行其间，江岸迂回曲折。主山自下而上有一崎岖山路，你可以想像它直通山巅，“唯见长江天际流”。峰回路转，树遮云掩，给这件山水盆景增添了一种如梦如幻的神秘色彩，仙山仙境，令人心驰神往。

【巫峡扬帆】

【一泻长江滚滚来】

【一泻长江滚滚来】

石种：川北石（配虎刺）

景高：60cm　盆长：110cm

作者：陈华（成都）

正因为长江渊源流长，故各处景色自然有别。此处有雄浑的山峰，更有倚江伴山、形状各异的巨岩。这一件用川北石制作的山水盆景，其山脚的处理迂回曲折，细腻妥贴，体现了有特色的水文地质特征。植物的配栽很有韵味，犹如自然天成。

【巫峡扬帆】

石种：龟纹石

景高：45cm　盆长：120cm

作者：李子全（重庆）

山石自然成峰，江水穿山绕行，风帆乘风远去。山体的外轮廓呈三角形，主峰耸立在盆盘的三分之二处，向左右两侧顺势延伸，展示出峰峦起伏、绵延无尽的壮美画卷。

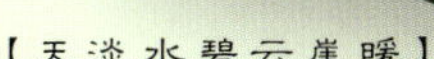
【天淡水碧云崖暖】

【天淡水碧云崖暖】

石种：千层石（配榆树）

景高： 45cm　盆长：110cm

作者：张丽君（成都）

千层石系石灰岩之一种，质地坚硬，层次井然有序，呈灰白或浅灰色。这件山水盆景选用的千层石不但纹理清晰，而且棱角分明，仿佛时间老人用顽强的江流为我们留下了大自然历史演进的痕迹。

【一山飞峙大江边】

【一山飞峙大江边】

石种：砂片石（配虎刺）

景高：70cm　　盆径：70cm

作者：鄢久长（温江）

气势非凡，直冲霄汉。既揽峨眉之雄秀，又收三峡之壮丽。主峰带夸张的飞峙，由于有山腰大树的反向伸展而得以平衡，更因为副山的陪衬而显得沉稳。圆形浅盆将景物收缩，同时增大了高宽比例，凸显出主峰的高耸。

【巴岳神韵】

【渔舟唱晚】

【巴岳神韵】

石种：龟纹石

景高：35cm　　盆长：80cm

作者：姚治安（重庆）

巴岳神韵，除了雄奇、粗犷和豪迈，还有浑厚、深沉和多姿。作品中山势的跌宕起伏和江岸的迂回曲折使得整个造型生动逼真。山形的曲线和驳岸曲线的照应，在刚毅中加进了婉约和阴柔，让我们感受到了中国山水画的韵致。

【渔舟唱晚】

石种：砂片石(配翠柏)

景高：50cm　　盆长：110cm

作者：陈古清（成都）

高耸的奇峰，悬挂的危崖，山麓云蒸霞蔚般簇拥的植物群落，……作品向我们展示巴山蜀水的雄奇和秀美，从而形成自然、质朴、淳厚的风格。作者在山脚和江岸之间保留了适度的空间，给欣赏者充分想像空间。

【峨眉烟云】

【两岸青山相对出】

【两岸青山相对出】

石种：钟乳石（配六月雪）

景高：65cm 盆长：110cm

作者：张建军（成都）

用作主峰的钟乳石挑选得如此精当，刚柔兼备，曲折深陷的沟槽，如此生动地再现了蜀山的沟壑和山峰，植物配植的部位和方向考究，给人真实、自然的感受。

【峨眉烟云】

石种：砂片石（配虎刺）

景高：70cm 盆长：100cm

作者：龙钟沛（成都）

作品的山石边线刚直，转角锐利，体现出峨眉山的雄伟和险峻。如此清晰的轮廓，不用树木掩映来营造朦胧和缥缈的氛围，让欣赏者展开想像，从而在眼前顿生幻象：迷茫的水雾，缭绕的雾霭，烟云乍起，飘飘欲仙。

【试剑石】

【试剑石】

石种：砂积石（配罗汉松）

景高：40cm　盆长：80cm

作者：张远信（成都）

四川青城山有一处“试剑石”，传说是仙人挥利剑砍成。这件山水盆景演绎了这个神话。一块质地厚硬的砂片石奇峰突兀，拔地而起，山顶纵向和横向的断面，岂不就是神明试剑而为之？

【只有天在上】

【只有天在上】

石种：砂片石(配圆柏)

景高：80cm　盆长：80cm

作者：焦可夫（成都）

粗而不笨，厚而不拙，直而不僵，硬而不死。挺拔、流畅，如利剑直插云霄。恰当地选配紫砂腰圆盆，更显沉着、稳重。植物材料一律配栽于山麓，可见如此坚硬和陡峭的绝壁，是不容树木扎根的。“只有天在上”表白了顶天立地的万丈豪情。

【笑傲水云宽】

【危崖耸翠】

【笑傲水云宽】

石种：龟纹石（配虎刺）
景高：30cm　盆长：90cm
作者：李子全（重庆）

亭台随高下，敞豁当清川。作者用俯瞰全景的角度来制作这件作品。前景是深深的港湾，迂回的江岸，展示出辽阔的江面和悠长的江流。山体则作为中景和远景，山势顺主峰而下，向左方和右前方延续，这种转角式的布局，扩大了有限空间的容量。经过精心处理的驳岸细致入微，耐人寻味。

【危崖耸翠】

石种：砂片石（配虎刺）
景高：70cm　盆长：80cm
作者：朱咸礼（成都）

飞岩斜出，腾跃大江；潜龙出渊，倒海翻江。远中近三组奇峰如奔腾江面的蛟龙，顺江而下，俯仰沉浮，威武雄壮。危崖之间，树木葱茏，山草葳蕤。在这件动感十足的盆景中，临江垂钓的渔翁，平心静气，悠然自得，平添了一个“静”字。

【乌江画廊情】

【玉垒浮云变古今】

【玉垒浮云变古今】

石种：钟乳石（配六月雪）

景高：70cm　盆长：80cm

作者：何成有（成都）

玉垒山下，宝瓶口内，湍急的岷江，灌溉着阡陌相连的川西平原。这件山水盆景选取宝瓶口的山水形胜来讴歌都江堰水利工程。精心挑选的山石、山石的组合、山脚的处理都反映了宝瓶口的特征，然而在造型上却更为集中和凝练。

【乌江画廊情】

石种：斧劈石

景高：40cm　盆长：80cm

作者：田一卫（重庆）

乌江流域的崇山峻岭，无比雄奇瑰丽，如山水长卷，步移景异，美不胜收。“苍山如海”，极写其壮阔。这件山水盆景恰当的选择了斧劈石来表现乌江的山水，山峰的高低错落具有强烈的节奏感，整件作品洋溢着跌宕起伏的韵律美。

【滚滚长江东逝水】

【滚滚长江东逝水】

石种：龟纹石（配虎刺）

景高：60cm　　盆长：140cm

作者：陈新力（重庆）

正是岁月的河流，以千万年的伟力造就了如此险峻的危崖和绝壁，不禁使人联想起名垂千古的赤壁。作品主峰沉着、雄奇，以守望的神态护卫着长江，流露出对母亲河的无限崇敬，也表达了对历史的沧桑感。

【朝发清溪向渝州】

【遥遥去巫峡】

【遥遥去巫峡】

石种：龟纹石

景高：30cm　盆长：70cm

作者：李伟（重庆）

作品拉近了观赏者与景物的视觉距离，把主峰作为中景来处理，而且让它占据了盆盘的五分之四，让江流从窄缝中挤出，突出了山势的险峻和雄奇。

【朝发清溪向渝州】

石种：龟纹石

景高：40cm　盆长：100cm

作者：李国强（重庆）

与其他表现长江雄浑、壮美的盆景作品相比，这件以长江支流为题材的盆景着力表现其清幽和绮丽。驳岸处理得曲折回环，让你感到这是一个寻觅幽静的好去处。

【巴渝印象】

【巴渝印象】

石种：龟纹石

景高：30cm　盆长：80cm

作者：许泽（重庆）

山石的自然纹理是如此的美妙，以致能恰如其分地再现山脊、山沟和山谷，有序而又多变。由立体的对比和线条的曲折表达出山体的气势，雄、奇、险、峻融于一景，生动地表达了“群山万壑赴荆门”的奔赴之势。

【山野风骨】

【山野风骨】

石种：砂片石（配六月雪）

景高：70cm　盆长：120cm

作者：张重民（成都）

砂片石是一种最具"骨感"和"骨气"的山石种类。淡泊恬静，超尘脱俗，不以物喜，不以己悲，这也许就是山野的风骨，也是高人雅士的风骨。

【日出而作】

【情满峡江】

【情满峡江】

石种：龟纹石(配虎刺)

景高： 48cm　　盆长：100cm

作者：郭有守（重庆）

两块平顶的龟纹石，制作成两座平顶的山峰，没有尖峰的锐意，却具备另一类山体的敦厚和平实。作品以个性化的材料来表现自然景观的特殊性，避免了千篇一律。

【日出而作】

石种：龟纹石(配虎刺)

景高：25cm　　盆长：80cm

作者：邓步禄（重庆）

一块平展的龟纹石，作者将它作成不加修饰的任意形盆景，并配上任意形的基座。于是，山峰成为日出而作的世外桃花源。

【几度夕阳红】

【几度夕阳红】

石种：砂片石(配虎刺)

景高：90cm　　盆长：100cm

作者：付勇（成都）

山石与水面比例适度，两座山峰的主从、分合和连断关系处理得十分妥贴。山道狭窄曲折，想必山后是另一重天地吧。石料金黄，如斜阳夕照。如果把两座山峰看成一对形影相随、白头偕老的侣，那么作品的标题就更耐人寻味了。

【惊 涛】

【惊 涛】

石种：砂片石(配虎刺)

景高：110cm 盆长：100 cm

作者：张荣（成都）

作品采用"一角式"的山水布局，突出山峰的峻峭挺拔。山间配栽的植物藏露得当。虽不见波涛汹涌，但是从主峰泰然自若的神态和山脚那经过长期冲刷的河弯、岩穴，可以联想到惊涛骇浪是怎样日复一日、年复一年地冲激着江岸。

撷英篇

SECTION OF DELEGATE

川派盆景有着深厚的文化历史底蕴，也拥有一支理论造诣较高、技艺水平娴熟的盆景艺术家队伍。本篇撷取有代表性的专业盆景园和盆景艺术代表人物，分别作出简要介绍。代表盆景园中主要有：成都杜甫草堂博物馆盆景园、成都武侯祠博物馆盆景园、都江堰离堆公园清溪园、成都百花潭公园盆景园、成都望江楼公园盆景园、邑园、胜东园艺盆景园、百花苑和陈氏盆景园。川派盆景的代表人物则主要介绍当代四川、重庆两地的中国盆景艺术大师，多年从事盆景创作并曾获省级以上大奖的盆景艺术家，长期从事盆景艺术理论与技艺研究并有盆景专著在国家级出版社正式出版的盆景艺术理论工作者，以及长期从事盆景产业并对发展和弘扬川派盆景艺术有突出贡献者。

Sichuan miniascape with deep culture has a group of artists who are good at theory and practice of creation of miniascapes. This section introduces some typical professional gardens displaying potted landscape and artists. The professional gardens displaying potted landscape include mainly Chengdu Dufu's Thatched cottage museum, The Temple of Marquis Wu, Du jiangyan LiDui garden, Chengdu BaiHuatan garden, The River-Viewing Pavilion, Park of Yi, Chengdu Shen Dong horticulture garden, Baihua Garden, chenshi garten displaying potted londscape. Delegates of Sichuan miniascape who are artists of Sichuan and Chongqin in contemporary or go into persistently creation of miniascapes and win province and nation rewards or go into persistently research on theory of art and tech nology of creation of miniascapes and have mono graphs which are published by statelevel pub lishing house or go into persistently miniascapes industry and render many services to the de velopment of Sichuan miniascape.

一、代表盆景园

成都杜甫草堂博物馆盆景园
CHENGDU DUFU'S THATCHED COTTAGE MUSEUM

成都杜甫草堂博物馆盆景园始建于1963年，是成都市最早建立的盆景园之一，总面积2000余m^2，由南北两道门入园。园内树木荫翳，满目青翠，尽显草堂古、雅、清、幽的园林风格。盆景园由东至西有一条长约100m的仿古回廊，廊里依次挂着数十件杜甫诗词木刻匾，与盆景相映衬，更显示出一种深厚的文化氛围。站在盆景园北面的园门外，便可看见一件大型的树桩盆景——双松图，是盆景大师李忠玉、甘如才的力作，两株相依相伴的罗汉松古桩青翠浓郁，古朴雄健。回廊中段连接着一座被几棵高大的桢楠和茂密葱笼的竹林所掩映的六角亭。六角亭位于百米回廊的中间，起到了一个过渡和衔接的作用。亭前的一座小桥连接着左侧一潭约20m^2的山水池，池内有用砂片石制作的假山，景高约5m，水流循山势飞流直下，清幽可人。六角亭前两侧分别有一件盆座高约1m、盆长2m的大型山水盆景。在盆景园的中央，有一座高1m，长2m的椭圆山水盆景池，池内是一组二面可观的山水盆景，池内水明如镜，山体倒映水中，清晰可见，形成了一幅美丽的山水图画。园内青石板铺路，交错穿插，不仅丰富了盆景园的立体空间，而且让游客徜徉其间，举目皆景，步移景异。盆景园北侧一角呈长方形的建筑是2005年扩建的藏经楼西厢房，约190m^2，紧挨藏经楼和唐风遗韵这一组古典建筑。

双松图

步移景异的盆景园

盆景园一角

贴梗海棠盆景作品

银杏盆景作品

罗汉松盆景作品

2005年1～4月，杜甫草堂博物馆盆景园全面改建，如今已焕然一新。园内共有盆景展台140余个，可同时容纳各类盆景150余件。盆景展台采用从安县精选的天然石材作为展台平面，其石色彩素雅，纹理耐看，不但与盆景作品的自然山水树木的韵意相配，同时也与盆景园红柱青瓦的古建筑风格协调统一。盆景展台的布局遵循山水盆景高、悬、陡、深的立意手法，叠石堆砌，高低错落，虚实结合，统一中求变化，变化中有统一，真正达到了活泼而有序、庄重而灵活的艺术效果。

园内盆景品种繁多，树桩盆景有传统树种银杏、罗汉松等，也有稀缺树种榔榆、黄栌等，其中川派树桩造型的基本形式立、斜、卧、悬、古桩都聚集其中，有的古朴严谨，有的虬曲多姿，令人赏心悦目；山水盆景则采用了砂片石、钟乳石、龟纹石为主要石材，组成了各式各样的造型，充分展示了川派山水盆景幽、秀、险、雄的独特造型艺术，与整个盆景展台的风格浑然一体，真正体现了美化自然的“高等艺术”。

盆景园中央景观

成都武侯祠博物馆盆景园

THE TEMPLE OF MARQUIS WU

成都武侯祠博物馆盆景园有听鹂馆和听鹂苑两部分。“听鹂”语出杜甫拜谒丞相祠堂（今成都武侯祠）时写的诗句“隔叶黄鹂空好音”。

古朴的听鹂馆大门

听鹂馆为室内盆景展厅，在刘备墓北，建筑面积620m²。馆内呈一个不规则的多边形院落，正面宽20m、进深9.5m的敞轩式展厅是主建筑，南、北、东三面是依墙而建的曲折回廊，把大门和展厅相连。院中天井栽有以银桦、香樟、皂荚为主的高大乔木，南密北稀，疏密有致，绿荫如盖。天井西北角的一组叠石假山，上有瀑布，溪水绕天井一周，于东北角穿墙而出，经桃园汇入大池，形成院内环形水系。水系周边怪石林立，桂花树和各种树桩盆景作品布置其间，组成院落的中层景观。更让人叫绝的是，主展厅和回廊里布置着几百块奇石怪岩，或似人，或像鱼，或如兽，或为天然石纹形成的花丛、荷塘、翠竹、森林，鬼斧神工，好一派天然图画，与挂在墙上的几十幅名家书画交相辉映。地面则青石铺路，蜿蜒前伸，小桥流水，与回廊一起构成多变的游览路线。循其而行，步移景异，层出不穷，令人目不暇接，拍手称奇。

听鹂苑则是露天盆景园，在听鹂馆南侧、刘备墓围墙外，是一外

精品盆景展示区（听鹂苑）

银杏古桩

盆景展示区（听鹂苑）

方内圆的大院。有南北四个门通行，其中有一门隐藏在一组叠石假山后，是一瓶形花门，直达听鹂馆南廊。园内铺就环形青石板路，路两旁以扁长的大石砌成190余座盆景台，可容纳千余件盆景作品。

若从刘备墓享殿的东侧门处开始浏览盆景园，只见四角竹节凉亭边，一长3m、宽2m的长方形石盆，内置福建小叶榕树桩，其粗大的主根和十几根侧根一字排开，交叉成篱笆状，圆粗的树干曲折向上高达3m，树冠直径达4m，给人以雄壮、茂盛和欣欣向荣的美感。循路北行，一路上各式盆景如一幅幅立体图画，高低错落，依台傍岩，虬蟠千仞，水木清华，新构叠出。在苑内西北方向有一岔路通向西边的八角双亭，岔路两边对称放置了两盆银杏树桩，亭亭玉立。亭东边一大型椭圆形石盆，栽植榆树树桩，黑干绿叶，别有情趣。在通向东北角的园门岔路两边盆栽有两株大银杏树桩，与西边的八角双亭旁的盆栽遥相呼应。沿八角双亭往西，又有一处六角竹节凉亭，亭旁的大型长方形石盆内栽植小叶榕树桩。七座大型树桩盆景作品摆放在院落的四个要点上，构成听鹂苑的主要观赏点，其余千百盆中小型盆栽，千姿百态，竞相争艳，洋洋大观，形成了盆景艺术的海洋。

贴梗海棠盆景作品

贴梗海棠配砂片石水旱盆景作品

春花烂漫的听鹂馆

听鹂馆一角

听鹂馆盆景陈列厅

都江堰离堆公园清溪园

DUJIANGYAN LIDUI GARDEN

清溪园座落在风景优美的都江堰风景名胜区离堆公园内，是离堆公园的园中园。该园占地8000多m^2，建成后成为川西最大的盆景园。该园是都江堰、青城山申报《世界自然和文化遗产名录》过程中，由高级园林工程师林锡葵主持规划设计并组织施工建成。联合国专家考察验收时，给予了极高的评价。同时，它又是传统造园与盆景展示的有机结合，因而具有独特的意义。

清溪园位于离堆公园的南部，其北正对荷花池，其东、西、南三面为高大荫浓的楠木林和柏木林，造园条件得天独厚。盆景园作为展示盆景的空间，其环境亦需雅静脱俗。同时，作为园中园，乃是公园的精华所在，因此，将整个盆景园视为一大型的山水盆景进行创意设计，使人在其间如游画中。

清溪园正面临水，三面浓荫覆盖，犹如天然展厅。园内多古桩，体型较大，在空间上起着梁柱般的支撑作用，同时为适应世界自然遗产的主题，因此没有设计大面积的室内展厅，主要展品均在室外进行布置。基座以石材筑成，自然、古拙，与优美的盆景作品相互映衬。

在游览路线的设计上，遵循“径缘池转，廊引人随”，形成良好的视觉空间。

盆景园不仅要雅，而且要有特色。通过川西风格的园林建筑，苍古神奇的川派盆景，本地材料的大量运用等，突出地方特色。

清溪园大门

翠拥清溪园

清溪园盆景展示区

清溪园一角

紫薇屏风

清溪园中展示的盆景古桩，如："紫薇花瓶""乌龙出岫""瓶兰古韵""雪映木犀""紫薇屏风"等，苍古雄伟、虬曲多姿，堪称川派盆景中的杰出代表。因其体型较大，大多采用地栽形式，将其立于道路的交汇处，水榭凉亭旁，以吸引游人的注意，形成视觉中心。同时将盆景沿路旁、水边、墙侧次第摆放。人们置身园中，听流水潺潺、莺啼婉转，观鬼斧神工、虬曲雄奇。人间雅事，莫过于此。

成都百花潭公园盆景园

CHENGDU BAIHUATAN GARDEN

宽敞的庭院

盆景园一角

成都百花潭公园盆景园位于公园北大门银杏广场旁，建于1983年，占地面积2583m^2，由展厅、回廊、亭台和耳房组成。展厅挂有陈毅同志题写的“高等艺术，美化自然”的匾额。

1999年，盆景园进行了改造，改造后的盆景园共分为展览馆、观赏区和精品园三个部分。在展览馆内，树桩盆景苍古虬曲，枝叶有序，姿态各异。装修一新的展览馆古雅精致。展橱内盆景书画相映成趣，盆景精品及历届展览评比中获得的获奖证书、奖品呈现在广大游人面前，使人对川派盆景的起源、发展有了清晰的了解。

过石桥、步曲径，进入以石为景的观赏区。眼前景石突兀，清流潺潺。在古百花潭旁，观赏亭内可见叠崖层层，高低错落，清流涌出，浪花飞溅，大有清泉石上流的意韵。本区内的大型假山盆景山势挺拔，浑厚峻峭，下临碧水，植被清新，颇有高山仰止的神韵。

转过园门，进入盆景精品园。园内岩石参差，清溪流波，花草繁茂，

水景一角

山水盆景陈列廊

盆景园一角

盆景园局部

庭院深深藏美景

树桩盆景古干虬枝，错落有致。整个园区，颇具曲径傍石临清流，古松峙立花木幽的诗意。在半廊内展桌上的山石、树桩等精品盆景与悬挂在粉墙上的诗书画相映成景，体现出丰富的园林文化内涵。

盆景园自建成以来，四川省和成都市的各类盆景展多次在此举行。近年，为丰富园林景观，拆除部分围墙，盆景园融入公园大景观，更加凸显出盆景的特色。

蜿蜒曲折的园路引人入胜

盆景园位于望江楼公园西大门以南，占地2203m²，形若勺状。四周红墙竹影，古典式漏窗步移景异。出入园门有二，大小迥异。一门状若花瓶，侧立置巨大硕石，镌刻有著名书法家何绍基“盆景园”三字，石旁几竿修竹，杜鹃竞放，梨花含羞；另一门为圆形，门两侧石刻有陈毅元帅的题词“高等艺术，美化自然”，词侧陈有双石，一立一卧，门洞景开时，一大型地置盆景呈现在眼前，其瘦、漏、透、皱的砂片石堆砌出雄浑、险峻

如诗如画的盆景园大门

大型砂片石山水盆景

的山岳，奇松、翠竹掩映在山涧石旁，婀娜多姿的贴梗海棠灿若云锦，好一幅“竹石图”序曲美景。

由花瓶门入园，即见山崖水际，小桥鱼跃，老树斜依，虬枝傍水，石崖错落，幽篁丛出，颇有自然山林之野趣。跨石桥，绕水石，赏盆景，细数湖中游鱼，则到宜坐宜留之卷棚亭阁，举目望去，数百盆景在自然岩石堆砌的盆景座上高低错落，排列有序，或千岩万壑，清流碧潭，或悬根露爪，茂林修竹，真可谓奇构叠出，丽景天成，将蜀中峨眉秀、青城幽、三峡险、剑门雄尽情展现，如无声的诗，似立体的画。

“神游不减登临趣，心赏浑觉天地宽”，游人在此，流连忘返，兴趣尤浓。石上盆景不仅能看到川派盆景的地方用材和精湛技艺，同时还展现了望江楼公园“竹”的特点，将各式各样的竹类缩龙成寸，创作了大量赏

砂片石（配竹）的山水盆景

观音竹与砂片石组成的山水盆景

心悦目的竹石盆景，逐渐形成了该园陡峭、俊美、飘逸、潇洒的艺术风格，得到了社会和同行的认可。其中"大鹏展翅"竹石盆景被邮电部印成邮票发行。"翠盖"金弹子树桩，"千佛朝圣"银杏笋桩，"龙腾虎啸"砂片石山水盆景等，分别荣获中国盆景评比展览一、二、三等奖。2001年5月建设部城建司、中国风景园林学会联合授予该园盆景技师邹秋华为"中国盆景艺术大师"荣誉称号，其作品目前仍在该园保管展出，深受中外游人喜爱。

盆景园场景

盆景园一角

邑园

PARK OF YI

金弹子盆景作品

邑园，坐落于成都市的“花木之乡”温江区万春镇，由中国盆景艺术家协会常务理事，成都市三邑园艺绿化工程公司总经理胡世勋先生亲自设计建成，是一座集盆景生产、展示、经营及花木栽培于一体的大型私家盆景园，是具备国家城市园林绿化二级资质企业资格的成都三邑园艺绿化工程有限公司的支柱产业。

邑园中“邑”与“一”谐音，表达园主争创西南地区首屈一指的私家盆景园的雄心。

邑园占地约3hm^2。透过古朴柔美的波浪顶漏窗围墙，便可依稀看到里面各式各样的盆景和苗木，由园门进入，便是两条由碎石拼花的园路，弯弯曲曲向两边延伸。园路两旁设立的石柱盆架作展台，错落有致，适合摆设各种不同规格的盆景，又显得质朴、自然。盆景展架台约有1000个，摆设了树桩盆景、水旱盆景、

山水盆景等2000余件作品。靠盆景园东墙是一座约$300m^2$的仿古建筑，离建筑不远的东北面是一座高耸挺立的六角亭，站在亭上便可纵览园内姿态万千、琳琅满目的盆景。

邑园门景及波浪顶漏窗围墙

邑园的盆景，其制作以传统川派盆景的加工技艺为主，并随着市场的需求，在创作中不断改进和创新；树桩盆景主要用银杏、罗汉松、紫薇、金弹子等几十

邑园盆景一瞥

种特色树种为制作素材，其树桩盆景仪态万千，丰富多彩；山水盆景制作精良，川味十足。该园盆景曾多次在各项盆景展览评比上获奖。

除盆景展示场地以外三邑公司拥有近百亩的盆景树桩培植场，备有川派盆景传统的特色树种银杏、罗汉松、紫薇、贴梗海棠等2万余件，同时还收藏了大量国内各流派著名代表人物的盆景作品。三邑公司还拥有百余亩苗木基地，乔木、花灌木如银杏、桂花、紫薇等20多万株；将邑园簇拥其中。

邑园创建以来，花木盆景界和园林花卉界人士纷纷前来参观。四川省省长张中伟、成都市市委书记李春城等省市领导先后来到邑园调研。日本、美国、加拿大等同行也慕名前来观摩、学习。省内外多家媒体对邑园作了多方面报道。《中国花木盆景》《中国花卉报》等专业报刊也载文介绍邑园盆景作品的特色和艺术成就。邑园在1991年被评为农村科技示范户；最近五年连续被评为成都市花木营销大户，还取得了四川省重点花卉企业等多项荣誉。

贴梗海棠盆景作品

贴梗海棠树桩培植场

银杏树桩培植场

邑园全景

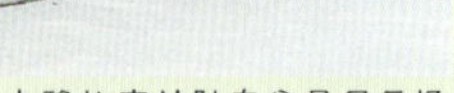
古雅朴实的胜东盆景展示场

贴梗海棠盆景作品

盆景养护场

盆景养护场全景鸟瞰

大型花坛（奇石、古桩装点成的小园林）

胜东园艺盆景园

SHENDONG HORTICULTURE GARDEN

胜东园艺盆景园于1996年落成，隶属于胜东园艺生态有限公司。该公司是以制作销售川派及全国各流派树桩盆景，并兼作绿化工程、假山堆叠为一体的综合性绿化实体，在成都西郊、花博园、温江、郫县共有苗木及树桩生产基地约7hm²，树桩盆景销售年产值数百万元，近年购置全国各流派树桩盆景约200万元，除收藏外，销往四川各地，并远销海外。胜东园艺场场主赖胜东先生，是成都市著名青年盆艺家，其盆景曾荣获中国“金马杯”盆景评比展金奖；中国第十二届兰花博览会盆景评比展金奖、银奖；中国“蜀汉杯”盆景评比展金奖；四川省首届花博会盆景评比展金奖；还有近年来省市各类评比展金奖。胜东园艺盆景园被授予“中国盆景艺术家协会会员单位”；国内知名盆景艺术大师、日本专家均曾到该园参观考察。

山水盆景作品

百花苑

BAIHUA GARDEN

盆景园一角

百花苑是自贡市广交园艺工程有限公司的盆景生产基地和展示场所，位于“恐龙之乡”自贡市长土镇黄桷村，占地7200多m^2，是自贡市的花卉产业示范基地，也是在自贡市园林产业化最前端的花卉盆景园艺场。它与自贡市尖山风景区相邻，位于风景秀丽的自贡母亲河——滏溪河的上游旭水河旁，河水蜿蜒环绕而过，构成一道亮丽的风景线。

苑前门墙采用天然印石贴面配以黄葛树，使其自然而朴实，左面置一尊高达5 m的安徽灵璧石，石身的孔洞疏密有致，敲击不同的部位能发出不同的响声。石旁配有造型精美的罗汉松，构成了一幅美妙的松石图。

苑内的江南民居风格的建筑更是吸引人们的目光。青砖、青瓦的素雅建筑使人们在喧哗的城市中，能够享受片刻古镇般的宁静。

榆树树桩盆景作品

“水不在深，有龙则灵。”苑内的水池透着一种灵气，清澈而透明，鱼儿在池中自由自在。水池的岸边围绕着贴梗海棠、樟树、桂花、垂柳和竹林。花丛、荷塘、翠竹，好一派天然图画，再加之溪流从山石之中流下，让人感觉到宁静之中的那种水流激荡之声，清脆而响亮。老者在池边垂钓，悠闲自在。地面则是有鹅卵石铺地，蜿蜒前伸。小桥流水，循其而行，移步异景，层出不穷，令人目不暇接。游人流连忘返，离而回味无穷。

苑内的盆景园位于百花苑主干道右侧坡下的一片开阔地，入园即可俯瞰盆景园全景。沿着蜿蜒曲折的园路前行，见两旁高低错落的花台上

盆景园一瞥

陈列着具有地方特色的各式盆景作品。一枝三弯九拐的古罗汉松令人称奇叫绝，经典的川派盆景让人赞叹盆景艺人的精湛技艺。一路上各式盆景如一幅幅立体图画，高低错落。依台修岩，虬蟠千仞，水木清华，新构百出。

除盆景园集中展示各种盆景作品以外，整个百花苑游览区的路旁以及休闲、娱乐、餐饮、住宿的区域都陈列着不同规格的盆景，让人随时都可以与盆景近距离接触，享受观赏盆景的乐趣。一些中小型盆景还标出价位，便于爱好者选购。

自贡市广交园艺工程有限公司创建于1996年，现占地200余亩。公司是集园林花卉盆景生产销售和园林景观设计施工以及餐饮、娱乐于一体的综合性企业，具备国家三级园林施工企业资质，连续三年获得自贡市园林业龙头企业称号，2004年又获“自贡市农业产业化十强龙头企业”殊荣。

景天树桩盆景作品

山水盆景作品

山水盆景作品——恐龙之乡

盆景展示场

陈氏盆景园

CHENSHI HOTICULTURE GARDEN

从成都沿成温邛高速公路西行18km，便是四川著名的花木之乡温江区。陈氏盆景园就座落在该区万春镇，占地$14hm^2$，是一座集盆景生产、销售和研究于一体的盆景园。

盆景观赏与休闲的和谐统一

陈氏盆景园的创办人陈开钦，人称“川西花王”，是一位勤奋诚朴的盆景老艺人，在园林花木和园林营造方面均有较高的造诣。经过他数十年的艰苦创业和后辈们不懈努力，使陈氏盆景园的规模和实力不断壮大。园内树桩古朴，盆景精巧，苗木品种齐全。现有20年以上的雀舌罗汉松大型树桩3000多株，15年以上造型完美的贴梗海棠树桩5000多盆，10年以上雀舌罗汉松中、小型树桩4000余盆，金弹子大型树桩300余件，金弹子小型树桩10000余盆。此外还有银杏、紫薇和梅花等20多个品种的树桩盆景，可以说园中的川派树桩盆景琳琅满目，各类型盆景一应俱全。

梅花树桩盆景作品

陈氏盆景园的园林施工设备齐全，园林、花木和盆景的技术实力雄厚，聘请有高级工程师、工程师和技术员多名，并请经验丰富的专家、教授担任技术顾问。在盆景的制作技艺方面，陈氏盆景园除传承川派盆景艺术的精华外，还借鉴了扬派盆景的灵巧，岭南派盆景的雄秀，也融汇了海派盆景的自然飘逸。近年来，陈氏传人又倾注了大量的心血研究开发

罗汉松树桩培植基地

贴梗海棠树桩盆景作品　　罗汉松树桩盆景作品

大型山水盆景、水旱盆景和壁挂式盆景，并将这些研究成果应用于园林绿化工程，受到业主和行家的一致好评，贯彻了“售一盆盆景，交一方朋友，留一片赞誉”的经营理念。在川派盆景的规模化、批量化、规范化生产经营方面，陈氏盆景园已迈出了坚实的步伐。

贴梗海棠树桩培植基地

精美的盆景展示区

二、代表人物

李忠玉

生于1921年，卒于1983年。中国盆景艺术大师。曾任成都市人大代表，四川省政协委员。

李忠玉出生花卉园艺世家，自幼喜好树桩和山石。1952年到成都市人民公园从事盆景制作和管理工作，是新中国第一代盆景工作者。1958年调到成都杜甫草堂工作并任副主任之职。为了提高盆景技艺水平，他认真学习中国画的理论，将绘画艺术和盆景创作有机结合。1959年他与王明文、甘如才合作创作的20余件盆景佳作，并被选送到北京人民大会堂四川厅陈列，引起盆景界巨大的轰动。他致力于盆景创作和园林建设，主要代表作品有“峨眉烟云” “九老洞天”和“蜀山秀色”等，充分体现了川派盆景的艺术特色。

李忠玉的盆景作品自然质朴、严谨沉稳，诗情画意洋溢其间。他的不少作品已成传世之作。

李忠玉是成都杜甫草堂博物馆盆景园的创业者。他用毕生的努力确立了杜甫草堂盆景园和草堂盆景的地位。由他培养的盆景人才，如今已成四川盆景业界的姣姣者和顶梁柱。

杨茂盛

生于1907年。13岁开始师从都江堰安龙李家花园园主李天长的儿子李洪发、李分方两兄弟。李天长是川派盆景身法“三弯九倒拐”的创立者。杨茂盛从师7年后开始从事盆景制作，1951年到都江堰离堆公园工作。离堆公园内现存的包括紫薇花瓶、张松银杏、松龄鹤寿等十大名桩，均由杨茂盛从各地收购。1958年成都市第一届盆景展，都江堰以杨茂盛为代表的盆景作品和成都、温江、崇州等地的盆景第一次进行交流融合。时任四川省委书记杨超同志为盆景题词，第一次明确提出了以成都陈思甫、温江陈开钦、崇州陈子华、都江堰杨茂盛为川派盆景创作的代表人物，因而川派盆景就有了“三陈一杨”之说。“三陈一杨”整理和发扬了川派盆景的造型技艺，对川派盆景的发展作出了贡献。

杨茂盛到离堆公园工作后，制作了一大批盆景作品，他在创作上不拘一格。在此期间师传了一大批盆景人才，奠定了离堆公园作为川派盆景重要基地之一的地位。

陈思甫

生于1923年。中国盆景艺术大师，中国盆景艺术家协会高级顾问，中国风景园林学会会员，高级园艺技师。

陈思甫先辈六代从事园艺。自其祖父起偏爱树桩蟠扎，其父陈玉山早年名传剑南。陈思甫1936年开始从业花卉盆景。在从事盆景创作的同时，潜心研究盆景理论，在系统总结了川派盆景的流派特征、造型手法、技艺要领的基础上，1982年出版了《盆景桩头蟠扎技艺》一书。这本书成了学习和了解川派盆景树桩蟠扎技艺的入门书籍。此外，他还参与了《成都盆景》《中国盆景艺术》等书的编写工作，发表多篇学术论文。

陈思甫的盆景作品艺术功底深厚，技术娴熟，作品颇具诗情画意。在进行盆景创作、理论研究的同时，他还大力普及盆景知识，培养盆景人才，为川派盆景的发展作出突出贡献。

陈开钦

生于1927年。中国盆景艺术家协会理事，四川省盆景艺术家协会常务理事。1994年获中国风景园林学会颁发的“全国盆景委员”证书。

陈开钦出生于花卉盆景世家，1942年开始跟随父亲和前辈学习园林知识和盆景制作技能。他长于观察思考和提炼、升华，在盆景创作过程中善于汲取前人的经验和精华，经过反复锤炼，形成自己独特的艺术风格。其作品在全国、省、市盆景展览中多次获奖。其代表作品主要是贴梗海棠、罗汉松和梅花的树桩盆景。

陈开钦的盆景作品既雍容大器，气势磅礴，又古朴隽秀，意韵悠长，颇受大众的青睐，具有较高的艺术品位。

甘如才

生于1924年。1952年进入成都市人民公园工作，后调到成都杜甫草堂博物馆苗圃，不久并入成都杜扑草堂博物馆，一直从事盆景专业工作，甘如才出身盆景家庭，擅长树桩盆景制作。他对一些四川古桩进行了长期的蟠扎加工和维护保养工作，使之得以保存并日臻完美。甘如才以蟠扎技艺娴熟和工作作风一丝不苟著称，在培养人才方面更是以严格认真闻名。他为川派盆景培养了一批优秀人才，其弟子都秉承了严肃、严谨的作风。1959年甘如才参与创作的20余件川派盆景佳作被选送北京人民大会堂四川厅陈列，引起盆景界的巨大轰动。1974年他率先倡导并组织了第一届成都杜甫草堂梅花树桩盆景艺术展览，至今已连续举办34届，这对宣传、普及盆景艺术，复兴川派盆景产生了深远影响。在1977年春的第三届梅桩展览上，一位日本游客不敢相信梅桩是鲜活的植物。甘如才当场对他作了蟠扎示范。这位日本观众十分感慨地说：“只要有这样一盆川派梅花桩头盆景，就足以轰动日本东京！”

刘德宽

川派盆景艺术倡导者，曾任中国风景园林学会花卉盆景分会副秘书长，成都市花卉盆景协会副理事长，成都市园林局副局长，参与组织了全国首届盆景评比展，中国第一届、第二届、第三届盆景评比展，并任评委及组委会委员，组织了四川省首届盆景评比展，成都市第一至第五届盆景评比展。1979年由他牵头组织了市园林局首届盆景蟠扎培训班，由陈思甫大师执教，其后又举办第二届、第三届盆景培训班。并参与编撰《中国盆景艺术》《成都盆景论文》《成都盆景册页》等著作。为川派盆景事业发展做了基础性的工作，作出了突出的贡献。

马　培

生于1931年。中国盆景艺术家协会理事，四川省盆景艺术家协会副会长。

1958年从事盆景艺术工作，组织收集制作了大量树桩盆景、山水盆景，建立重庆市颇具规模的盆景园，并着重对川派盆景的理论进行深入探讨，先后撰写论文20余篇，对川派盆景的内涵、选材、立意、布局、意境、手法和题咏等进行了较为全面的总结与论述。特别是借鉴中国山水画理论，指导创作山水盆景，成绩卓著。其作品在全国、省、市盆景展览中多次获奖，主要代表作品有“巴山渝水图”“彩云飞”等。

杨永木

生于1947年。专业盆景工作者，高级工程师。中国盆景艺术家协会常务理事，四川盆景艺术家协会常务副会长，现任成都杜甫草堂博物馆副馆长。

杨永木自幼接受系统的园艺和盆景专业教育，15岁进入成都杜甫草堂专习盆景，受教于戴春和、李忠玉、王明文等名家，练就扎实的基本功。

杨永木在潜心创作盆景的同时，向著名画家学习，将绘画艺术融汇于盆景创作之中。因其勤奋好学、才思敏捷，加之谦逊豁达、知人善任，遂成当今川派盆景的领军人物。杨永木在树桩盆景、山水盆景和水旱盆景三个方面都有突出成就。在继承川派盆景优秀传统的基础上广泛吸纳多种流派的精华，加上自身深厚的艺术功底，成就了杨永木鲜明的艺术风格。他的作品题材广泛，法度严谨。既有苍劲雄奇的力作，也有潇洒灵巧的精品。主要代表作有　“岁月篇”“蝉噪林愈静”和“蜀道难”等。杨永木善于以奇巧的构思营造高妙的意境，在自然质朴中洋溢着诗情画意和书卷气，给人以隽永的艺术享受。

 张远信

生于1944年，卒于2000年。曾任中国盆景艺术家协会副会长，四川盆景艺术家协会常务副会长，成都杜甫草堂博物馆副馆长，成都永陵博物馆副馆长。1994年获中国风景园林学会颁发的“全国盆景委员”证书。

张远信毕生从事盆景专业工作。1961年进入成都杜甫草堂博物馆盆景组，师从李忠玉（盆景大师）、甘如才学习盆景。在其后40年的盆景生涯中，他积极推动和参与成都杜甫草堂博物馆盆景园、盆景生产基地的建设，并在川派盆景的宣传推广、培养人才、群团建设和对外交流等方面均有重要贡献。

张远信擅长山水盆景，在树桩盆景方面亦有建树。他的作品沉雄大气，多次在全国、省、市盆景展览中获奖，并在全国各种刊物上发表。代表作品有“活峰破云”“龙门远眺”和“象池映月”等。

 田一卫

生于1955年。中国盆景艺术大师，中国盆景艺术家协会会员，四川省盆景艺术家协会理事，重庆市江北区绿化工程处盆景技师。出生于花卉盆景世家，从小跟随父亲学习盆景技艺，对传统树桩蟠扎修剪研究尤深。自幼酷爱美术，练就相当功底，其山水画颇具造诣。在盆景创作中，善于运用中国画画理和技法，如“以形写神”及艺术夸张的手法，创作出不少山水盆景佳作，同时还擅长树桩盆景的制作，也创作出一批具备重庆风格的自然式树桩盆景。主要代表作品有“三峡抒情”“大江东去”“三峡雄踞”“祥云”“巴国山川”等。

田一卫的盆景作品具沉雄厚实、粗犷豪放的艺术风格。布局严谨和细节慎密使得他的作品耐人寻味。田一卫认为：“必须向中国传统文化学习，构图上中西结合，方能形成独特的艺术个性。”他求教者传道授业，毫无保留，他的学生大多成为山水盆景创作的后起之秀。

 邹秋华

生于1942年。中国盆景艺术大师，中国盆景艺术家协会会员，四川盆景艺术家协会常务理事，成都望江楼公园盆景技师。1994年获中国风景园林学会颁发的“全国盆景委员”证书。

1959年在望江楼公园参加工作，一直从事盆景艺术创作，有40件作品在历届全国、省、市的盆景展览中获奖，代表作品有“翠盖”“千佛朝圣”“乡思”“龙腾虎啸”等。邹秋华供职的成都望江楼公园是以竹造园的专类公园，他独辟蹊径充分地利用竹类资源，创作了一大批竹石盆景，风格清丽潇洒。2000年，被中国盆景艺术家协会授予“跨世纪杰出盆景艺术家”称号。

邹秋华在艺术实践中努力追求在继承优秀传统基础上的不断创新，他的盆景作品很有气势和韵味，极富想像力，体现出陡峭俊美、潇洒飘逸的艺术风格。

 陈古清

生于1940年。中国盆景艺术家协会理事，四川省盆景艺术家协会常务理事，成都市文化公园盆景技师。

1959年参加工作，1960年师从刘德宽从事盆景艺术的创作与研究。40多年来，在总结前辈盆景艺术家的经验的基础上，汲取川派盆景技艺精华，博采众家之长，对盆景的创作、研究日趋炉火纯青，其作品在历届全国、省、市的评比中多次获奖，代表作品有“晨雾”“峡江秋月”“石林”等。2000年，被中国盆景艺术家协会授予“跨世纪杰出盆景艺术家”称号。

陈古清擅长山水盆景的研制，其作品风格自然朴实，意境深远。山石组合和植物配植自然贴切，宛如天成。峰峦清晰，线条流畅，给人以身临其境的感受。

 何子元

生于1938年。中国盆景艺术家协会会员，四川省盆景艺术家协会常务理事，1994年获中国风景园林学会颁发的“全国盆景委员”证书。成都杜甫草堂博物馆花圃盆景技师。

1959年在成都市政府工作，后从师于盆景前辈张彬如学习花卉盆景，其盆景作品曾多次在全国、省、市的评比展中获奖，代表作品有"翠韵""寰出春意浓"等。2000年，被中国盆景艺术家协会授予"跨世纪杰出盆景艺术家"称号。

何子元擅长于树桩盆景的创作，其作品定式严格，层片清爽，古韵浓郁，表现出严谨、清丽、简洁的艺术风格。

胡世勋

生于1943年。高级技师，中国盆景艺术家协会常务理事，四川省盆景艺术家协会常务理事，成都市盆景艺术家协会副会长，成都三邑园艺绿化工程有限公司总经理。胡世勋热爱盆景艺术，数十年致力于盆景艺术的创作。他博采众长，大胆创新，以形传神，自成体系。作品融合了山水的秀丽与壮观，田园的自然与和谐。首创了盆景斧劈石的加工技法，并在罗汉松无根嫁接法上取得突破。其创作的作品在全国及省、市展览中多次获奖。先后数次成功举办个人盆景展。先后在《中国花卉报》和《中国花卉盆景》杂志上发表了《罗汉松树桩盆景快速成型法》和《盆景命名》等论文数篇。在第十二届和第十五届盆展期间发表专题讲演。在成都"蜀汉杯"和海口"奥林匹克杯"两处全国展览期间进行盆景制作表演；2001年创建个人盆景精品展示园——邑园。其代表作品有"白云深处""孤帆远影"和"老树千秋"等。

雷慧中

生于1953年。园林工程师，中国盆景艺术家协会常务理事，四川省盆景艺术家协会副会长兼秘书长，成都市盆景艺术家协会副会长。

1981年毕业于成都市建设学校城市园林绿化专业后，师从四川花卉界老前辈呆景粤老师从事于园林花卉方面的学习研究。研究的课题分别于1983年、1984年获成都市和四川省科技进步三等奖。创作的梅花桩景"怒放"获第四届中国梅花展金奖。20世纪90年代陆续策划、组织了"成都市盆景作品大奖赛"、"成都盆景名人作品赏析展"及"邹秋华个人盆景作品赏析展"。

2000年，被中国盆景艺术家协会授予"跨世纪杰出盆景艺术家"称号。

张重民

生于1956年。成都市人民公园副主任，园林工程师。曾师从盆景艺术大师陈思甫、盆景艺术家何子元、陈古清等，专研盆景及树桩蟠扎制作技艺，为能很好地将川派盆景技艺和中国绘画相结合，又师从著名山水画家张幼矩、朱常棣学习中国绘画技艺，并任成都锦水书画院副院长。他制作的盆景立意新奇，极富诗情画意，曾多次荣获省、市和全国盆景评比展的金、银奖。受到同行专家的一致好评。2000年获四川省盆景艺术家协会颁发的"跨世纪杰出盆景艺术家"称号。

张重民专著的《盆景》获1998年西南、西北地区出版物银奖；1988年参编《成都盆景论文集》；1998年参与《中国盆景艺术大观·四川卷》《中国当代盆景精粹》《中国盆景艺术大师作品集粹》等盆景专著的编撰等工作。

范正礼

生于1941年。成都盆景艺术家协会常务副会长兼秘书长。1959年参加工作，曾先后当过工人、军人，现在政府部门工作。1983年开始业余制作盆景，经多年潜心钻研，总结出一套独特的"树桩盆景十大补枝整形法"，对一些残次缺损树桩盆景进行补枝整形，使之修复完善，缩短了盆景制作周期，增强了艺术效果。此法也为盆景批量生产找到了一条速成的新途径。在1998年成都盆景艺术大奖赛中，他应用此法制作的14件参赛作品全部获奖，其中"悠悠岁月"获得大奖。

范正礼勤奋而又执着。他的盆景作品造型奇巧，富于动感，在精美的制作中流露出盎然的意趣。业余爱好盆景20余年，在省、市及全国的盆景展览中多次获奖。2001年主编出版了《盆景艺术》一书。

制 作 篇

ARTISTIC CREATION

鲜明的艺术风格特征和独特的、自成体系的传统制作技艺，是一种盆景流派在艺术上达到成熟的标志。川派盆景正是如此。本篇首先介绍了川派盆景沉练、苍古的树种特色和自然类树桩、规则类树桩的造型特征，再系统介绍了树干造型的身法、树枝加工的枝法、到蟠扎技术运用的丝法，以及树桩盆景制作的其他技艺。之后，又论述了川派山水盆景高、悬、陡、深、奇的造型特征和奇险幽秀、浑厚沉雄的艺术风格。

Brilliant artistic style and miniascape processing with specialty and perfection is a sign which means that a school of miniascape attains the top of art. Sichuan miniascape has this character.

This section firstly introduces the conation of Sichuan miniascape, feature antediluvian tree species , formative characters of nature stumps and formative characters of metrical stumps that are clearly demarcated layers of trees, various forms of branches, exactitude metrical workmanship and characters of creation that formative technologies are first bounded with the silk of pale and manicured next, from “Shen–fa” topiary work of stems and “Zhi–fa” topiary work of branches to “Si–fa” of applying of technology of bounding and applying of others methods of topiary work of trees and shrubs. Secondly, this

本篇对于川派盆景制作技艺的讲解共分自然类树桩盆景、规则类树桩盆景和山水盆景三部分。第一部分介绍了川派自然类树桩盆景的常见树种及其来源，然后分别阐述了直立式、曲干式、斜干式、卧干式、悬崖式、枯蔸式等树桩样式的具体加工制作技术。第二部分重点讲述了川派规则类树桩盆景树干加工的10种身法规律，详细叙述了树枝造型的“三式五型”的枝法规则和棕丝蟠扎操作技术。第三部分阐述了山水盆景创作的基本原理和主要技巧。对于具体的操作方法和技术要领，本篇亦详述之。

section also points out formative characters of Sichuan potted landscapes which are tall, suspended, steep, deep, grotesque and characters of artistic styles of potted landscapes which are steep and heavy.

This section introduces mainly the skills of creation of nature stump miniascapes, metrical stump miniascapes and potted landscapes. In the narration of skills of creation of nature stump miniascapes, firstly used trees which are often applied by Sichuan miniascape and their sources are introduced,then production methods of several primary stump forms,including standup forms, curved forms, steeped forms, blown forms, laid forms, cliff forms and stump forms were respective introduced. Secondly ten production methods of the metrical stump miniascapes and techniques of formation are particularly debated. Three forms and five metrics of branches are described in detail. Thirdly basic principles of creation and major techniques of potted landscape are summarized. The kernel techniques and specific methods creation of miniascape are narrated in detail.

一、川派盆景的风格特征

(一)川派树桩盆景的风格特征

川派盆景以成都、重庆为代表。成渝地区历史悠久,文化底蕴深厚,盆景创作队伍水平较高,制作盆景的技艺熟练,在各个方面都显示出稳定的川派盆景艺术,具有明显的川派艺术风格。川派树桩盆景是在巴蜀大地丰富的古树奇木资源、深厚的地方历史文化和精湛的地方园艺技术传统基础上发展起来的。其树桩盆景作品大多具有苍劲古朴的外观形象和谦和儒雅的文化内涵,树桩盆景在总体上所展现的是苍古与典雅的艺术风格。

1. 川派盆景树种的特征

树木材料的种类及其形态特点在树桩盆景艺术风格的形成中能产生一定的影响。主要盆景树种的形貌如何,常常决定了一个地方树桩盆景的基本风貌。因此,盆景常见树种及其应用情况,是影响一个地方树桩盆景艺术风格的重要因素之一。

在川渝地区树桩盆景中用量最多的、最常见的树种,一般都具有容易造型加工成古老形态树桩的特点。如金弹子、罗汉松、贴梗海棠、圆柏、匍地柏、梅等树种,其枝干的颜色都偏于深色,或是树冠颜色为深绿色,或是枝干树皮为灰黑色、铁灰色、深褐色等,常常都能给人以质地坚硬,气韵沉实的感觉。而紫薇、银杏、黄荆、榆树等的树干虽属浅色,但树桩形态极易被加工成风骨苍劲的古树形象。所以,川派树桩盆景的常用树种一般都具有沉练、苍古的特色。

川派树桩盆景常用的树种如下所列:

苏铁 *Cycas revoluta* Thunb.

银杏 *Ginkgo biloba* L.

罗汉松 *Podocarpus macrophyllus* (Thunb.) D.Don.

雪松 *Cedrus deodara* (Roxb.)G. Don

华山松 *Pinus armandi* Franch.

五针松 *Pinus parviflora* sieb. et Zucc.

圆柏 *Sabina chinensis* (L.)Ant.

匍地柏 *Sabina procumbens* (Endl.)Lwata et Kusaka.

水杉 *Metasequoia glyptostroboides* Hu et Cheng

金弹子(瓶兰花) *Diospyros armata* Hemsl.

榕树(小叶榕) *Ficus microcarpa* L.f.

贴梗海棠(铁角海棠) *Chaenomeles speciosa* (Sweet)Nakai

木瓜海棠(木桃) *Chaenomeles cathayensis* (Hemsl.)Schneid.

垂丝海棠 *Malus halliana* Koehne

梅 *Prunus mume* Sieb. et Zucc.

碧桃 *Prunus persica* f. *duplex* Rehd.

樱花 *Prunus yedoensis* Matsum.

麦李 *Prunus glandulosa* Thunb.

火棘 *Pyracantha fortuneana* (Maxim) Li

缫丝花 *Rosa roxburghii* Tratt.

平枝栒子(铺地栒子) *Cotoneaster horizontalis* Decne.

香花岩豆藤 *Millettia dielisana* Harms ex Diels

紫荆 *Cercis chinensis* Bge.

紫藤 *Wisteria sinensis* (Sims) Sweet

紫薇 *Lagerstroemia indica* L.

石榴 *Punica granatum* L.

玉兰 *Magnolia denudata* Desr.

山茶 *Camellia japonica* L.

桂花 *Osmanthus fragrans* (Thunb.) Lour.

杜鹃 *Rhododendron simsii* Planch.

六月雪 *Serissa foetida* Comm.

细叶野丁香(满天星) *Leptodermis microphylla* H. Winkl.

迎春 *Jasminum nudiflorum* Lindl.

柽柳(三春柳) *Tamarix chinensis* Lour.

豆瓣黄杨 *Buxus sinica* (Rehd. et Wils) Cheng et M. Cheng

小叶女贞 *Ligustrum quihoui* Carr.

枸杞(狗地芽) *Lycium chinense* Mill.

黄荆 *Vitex negundo* L.

青皮木 *Schoepfia jasminodora* Sieb. et Zucc.

榆树 *Ulmus pumila* L.

朴树 *Celtis sinensis* Pers.

蜡梅 *Chimonanthus praecox* (L.) Link.

木绣球 *Viburnum macrocephalum* Fort.

蝴蝶树(六蛾抱珠) *Viburnum plicatum* f. *tomentosum* (Thunb.) Rehd.

胡颓子 *Elaeagnus pungens* Thunb.

桃叶卫矛 *Euonymus hamiltonianus* f. *lanceifolius* (Loes.) C. Y. Cheng

垂丝卫矛(青皮树) *Euonymus oxyphyllus* Miq.

卫矛 (鬼箭羽) *Euonymus alatus* (Thunb.) Sieb.

披针忍冬(水晶子) *Lonicera pseudoproterantha* Pamp.

孝顺竹(凤凰竹) *Bambusa multiplex* (Lour.) Raeusch.

凤尾竹 *Bambusa multiplex* cv.'Fernleaf'

就像中国诗歌中有自由诗和格律诗的区别一样，按照基本造型特点的不同，川派树桩盆景一般也被分为树态自然、造型自由的自然类树桩盆景和树态工整、按一定章法样式造型的规则类树桩盆景两大类。苍古与典雅的艺术风格在这两大类树桩盆景中都有明确的体现，但具体的造景方式及艺术形象特征也各有不同。

2. 川派自然类树桩特征

川派自然类树桩直接取材于我国西南山区丰富的植物资源，树种数量大，造型样式多，反映自然界树木景观的范围十分广泛。这些自然类树桩盆景的风格特征具体表现在以下几个方面：

(1)树干的造型特征：川派自然类树桩主要有立、斜、卧、悬、古桩五种基本造型(图1)。

取立姿造型的有直立型树干和曲立型树干两种；直立型树干有直干式、丛林式、俯枝式等造型样式；曲立型树干则有扭旋式、虎座式等在弯曲树干中保持立起姿态的各种造型样式。

树干为斜姿造型的自然类盆景树桩，其树干与水平盆面之间的倾斜角一般在45°～80°，树干呈斜立状。根据树势方向性的不同，斜干型树桩又分三种样式，即：树势向上的仰式、树势向下的俯式及树势横斜向左或向右一个方向延展的风吹式。

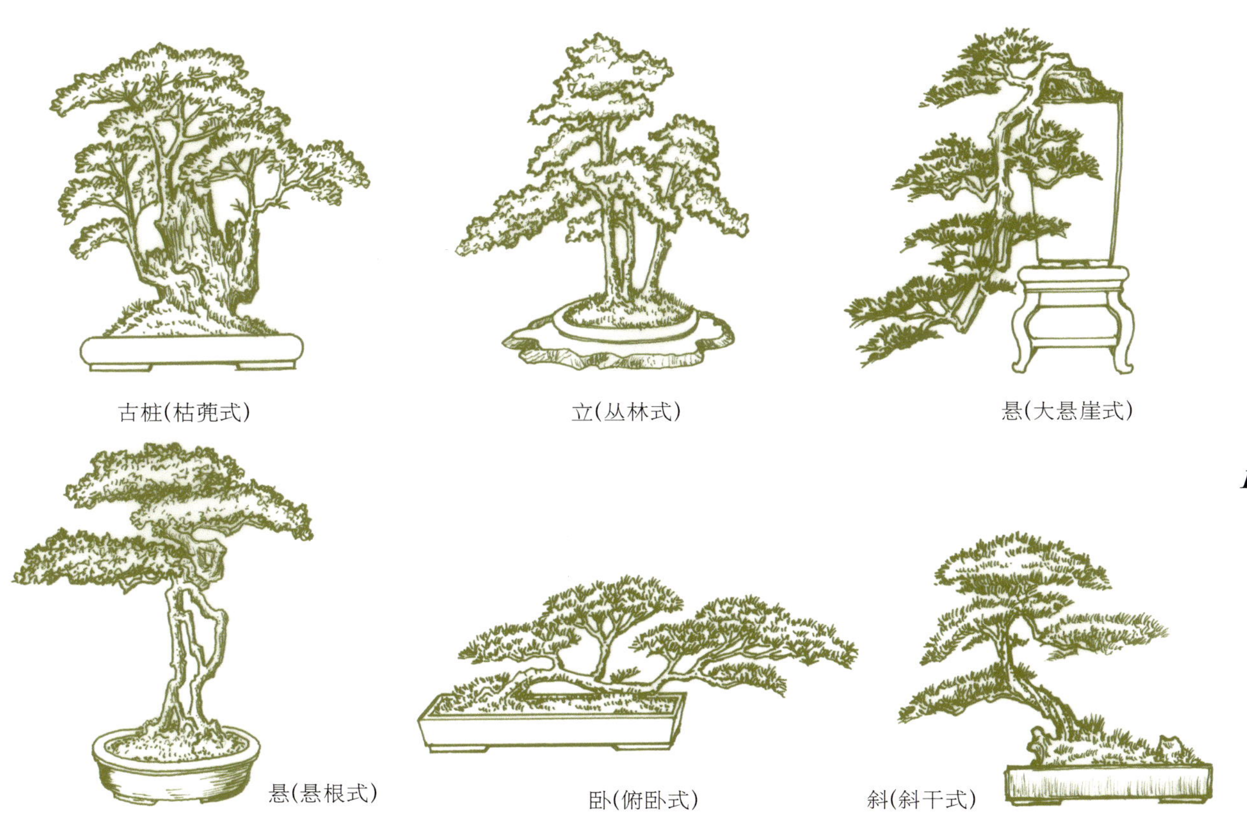

图1　自然类树桩盆景的五种树态

卧姿的树干造型通称卧干型，其树干卧倒在盆面之上，但并不悬出盆外。根据卧干所形成的树势情况，卧干型可分为树势向上的仰卧式(斜卧式)与树势向下或向侧方的俯卧式(横卧式)两种。

以悬空姿态造型的树干属于悬干型，这类树干均悬出盆外，成平伸或下垂状。按平伸和下垂程度的不同，悬干型树桩又分临水式、过河式、小悬崖式和大悬崖式等造型样式。临水式树桩的树干横伸出盆外，不下垂，干上做出若干平展的枝盘，树势向下或横向伸展。过河式树桩的树干也是横伸出盆外，不下垂，但在树干上并不做枝盘，而是培养出若干向上的立枝，立枝在横干上如同过桥状。小悬崖式又叫半悬崖式，其树干悬出盆外且要下垂；树干中上部悬垂到盆面高度以下，但仍在盆底高度之上。大悬崖式的树干悬垂程度最大，树干悬出盆外，中上部向下直落，悬垂到盆底高度以下。

古桩型盆景的树干实际上是一个枯木般的粗矮树桩或树蔸，其高度与直径尺寸相近，在盆景中的布置姿态则不分立、斜、卧、悬等造型。

(2)枝条的造型特征：从枝条的加工造型方面来讲，川派自然类树桩盆景的树枝造型样式主要有枝盘式、鹿角式、帚枝式和垂枝式4种，但有时也会采用川派规则类树桩盆景的枝条样式如平枝式、半平半滚式等，来作为自然类树桩的造型枝条。

枝盘也可称作枝片，是川派树桩盆景最基本的枝条造型样式。自然类树桩的枝盘是以1个以上水平方向蛇形弯曲的大枝条为骨架，在大枝上将数量更多的小枝条蟠扎弯曲，并均匀地排列在大枝两侧的同一平面中，再经修剪平整而构成平片状枝条群。

鹿角式枝条造型的特点是：分枝级数多，杈多枝短，枝条疏密相间，立生或斜展，偶有横生，枝尖朝向树冠外，如鹿角分枝状。

帚枝式造型的树桩常有丛生性灌木的形象，其枝条分枝级数较少，分杈较少而枝段稍长；枝密集立生或斜立着生，枝尖朝上，树形如帚立状。

垂枝式树桩盆景的枝条全为下垂状，分枝级数较少，大、小枝均下垂，枝尖向下或斜向下。根据枝条下垂程度的不同，垂枝式又分为大垂枝(全垂枝)和小垂枝(半垂枝)两种造型；大垂枝式的枝条直落下垂，而小垂枝式的枝条则呈斜向半垂状。

(3)根蔸的造型特征：在川派自然类树桩盆景中，根蔸部位的加工造型历来都与树干、枝条造型一样被看重，川派树桩盆景的审美评价标准中也专门包含有对根部造型的条目，其中最主要的是看树桩盆景是否有悬根露爪的表现。

树桩盆景的悬根露爪，是在树桩加工造型时人为塑造的。川派盆景的大多数树桩在加工造型中都要对根蔸进行蟠根、提根或悬根处理，通过处理，最后就能使树桩根蔸造型奇特并露出土面，达到“盘根错节”、犹如凤足龙爪般古老、苍劲的形象表现，即达到悬根露爪的要求。这里的要求，一是要根部露出来，二是要露出的根应是盘曲、怪异的古老状态。“桩景不露根，犹如插木棍”、“直枝无味，直根无趣”，对树桩造型的这些认识，很久以来都直接影响着川派自然类树桩盆景的加工和造型。

(4)树桩加工技法特征：自然类树桩盆景的加工制作技法基本与规则类树桩盆景相同，但在应用相同技法时的具体处理方式及针对树桩不同部位的技法类别却不尽相同。

棕丝蟠扎法是川派树桩盆景加工最基本的技法。蟠扎中的搭丝、翻丝、扎丝、打结等操作技术，在自然类树桩盆景和规则类树桩盆景中都是一样的。蟠扎法是树桩加工中的主要工序，是解决树桩基本造型形态和有效缩短加工制作周期的最重要的加工技术。而修剪法则在加工制作中起着辅助作用，用于蟠扎之后剪平枝盘和维持树桩的基本造型。

在树干加工方面，川派自然类树桩除了用蟠扎法来扎弯树干之外，还常常采用其他“大手术”式的技法来对树干进行加工，而这种情况在规则类树桩盆景加工中却比较少见。例如：在使较粗树干弯曲时，就常用吊压法、铁丝绞拉扎弯法、多锯口弯折法等；在改造树桩形态时，用劈干法、锯干法、剖干法、雕凿法等；在根、干表面的老态化雕饰处理时，用撬皮法、溃压法、雕刻法、朽蚀法、枯木衬贴法等。这些技法中的大部分都需要对树桩进行重度损伤处理，在川派自然类树桩加工中，它们是树干造型最常用的加工技术。

在枝条加工方面，各种枝盘的加工造型和垂枝式枝条的造型都采用“粗扎细剪”技术，即以蟠扎法为主，造出枝盘或大垂枝、小垂枝的基本形态；而以修剪为辅，对树桩细部形状姿态进行调整修饰。对于鹿角式和帚枝式的枝条造型，则主要依靠修剪法进行加工。

川派自然类树桩盆景的基本树形特征与规则类树桩盆景相比较，除了在对称性、规整性和规律性方面明显不同之外，在其他许多方面都保持着相当明确的一致性：枝干虬曲多变，老气横秋；树态左顾右盼，不趋极端；树顶枝盘平展，越往下方的枝盘越是向外斜垂，使树势谦和礼让，不事张扬；树体往左右出枝，而前后不出枝或少出枝，强调“亮枝亮干”、“亮骨亮架”，使树体脉络关系与树冠的层次关系达到了结构清晰、条理分明、均衡和谐的良好效果。即使是自然类树桩盆景，也能够充分体现变化性与协调性相统一、感性和理性相统一、创造性与造型法度相统一的地方盆景造型理念，能够反映川派盆景的历史文脉和苍古而典雅的树桩盆景艺术风格。

3．川派规则类树桩特征

川派规则类树桩的造型规律仍然是从自然界树木形象中概括、提炼出来的。实际上，自然树木的真实树形多数都是对称规则的几何体形状，只有老树或处在生境条件恶劣地方的树木，由于树冠不能正常生长或已经衰败，才呈现出偏冠、扭曲等不正常、不完整的树形。规则类树桩盆景正是反映了大多数自然树木的那种对称、规则、整齐的自然规律。

规则类树桩盆景的树形有一定对称性，也比较规则整齐，但在具体造型中变化还是相当多的。对称与规则只是相对而言，变化才是绝对的(图2)。其造型规律主要体现在树干的弯曲样式及其操作要诀(即“身法”)、主枝与侧枝的蟠扎组合样式（即“枝法”）和蟠扎过程中棕丝的操作技术（即“丝法”）这三个方面。

(1)身法：川派规则类树桩的身法规律主要有10种。第一是掉拐法，树干按“一弯，二拐，三出，四回，五镇顶”的规定程序进行蟠扎造型。第二是接弯掉拐法，其蟠扎操作程序完全与掉拐法相同，只是在加工好的树干第一个大弯的下半部分，必须带有一段更粗的老树干。第三是对拐法，是在同一个立面上，按照左右来回弯曲的方式，把树干从下往上蟠扎成连续的“S”形。第四是方拐法，树的主干在同一个立面上被蟠扎成连续的“弓”字形，每一个弯的形状都是矩形。第五是大弯垂枝法，主干扎成一大弯，在第一个弯的上部用嫁接法倒接一个下垂的大枝，枝稍垂过盆底。第六是三弯九倒拐法，树的主干在一个立面上蟠成九个小弯，再转90度方向到另一个立面又弯成三个大弯。第七是滚龙抱柱法，其树干作螺旋状连续弯曲，形若游龙绕柱。第八是直身逗顶法，是将不能弯曲的粗硬主干短截，在断口处选一新萌发的大枝作为顶部树干，并在上、下部两段树干上分层蟠扎出若干层次的枝

图2　规则类树桩盆景

盘。第九是逗身照蔸法，选形状奇特的古老树桩或树蔸，在萌发的立生新枝中，留下1～3枝蟠扎并造型成为立于树木桩蔸上的小树状。第十是巧借法，此法的特点是完全利用树木自身树干的已有弯曲状态，再加重弯曲，并蟠扎补齐树桩上的枝盘，从而形成不属于以上9种身法的灵活变化的其他身法。

(2)枝法：规则类树桩盆景枝的规律做法主要表现在枝条的“三式五型”造型样式中。“三式”是指枝条造型的平枝式、半平半滚式和滚枝式；“五型”是这三种枝式下面包含的五种枝型，即平枝式规格型、平枝式花枝型、半平半滚枝型、大滚枝型和小滚枝型。

(3)丝法：川派盆景的丝法既是树桩盆景的棕丝蟠扎操作技术，也是造型技巧方面的一些规则规律。川派丝法主要包括搭丝法、翻丝法和扎丝(打结)法三种。

在搭丝法中，对于枝条基部弯子的蟠扎，第一道棕线的出丝点一般在发枝处的下方，此道棕线可叫做“下丝”；第二道棕线则应另外从发枝点的侧面出丝，从横向将枝条基部拉出水平弯子，这一道棕线呈平伸状，可叫作“平丝”，这时的丝法叫做“换丝法”。由一道下棕和一道平棕组合起来将枝条拉下拉平并扎出第一个水平方向的弯子，其两道棕线看起来像一个十字形，因此其丝法名称叫做“十字丝”或叫做“偷丝法”。

翻丝法主要用在枝条中段及末段的蟠扎做弯中。根据即将蟠扎的下一枝段的自然垂翘状态，为了将枝盘扎得平整，可分别采用不同的翻丝方法。具体翻丝操作，主要用双棕线，但也有用单棕线的；操作方法有双丝上翻、双丝下翻和双丝对翻三

种，或者有时还用单丝上翻、单丝下翻两种丝法。

扎丝法实际上是蟠扎枝干时棕丝的缠扎与打结方法。在枝干基部至末段的各个搭丝点上缠扎棕线或打结，都要注意在棕线缠扎处留有一点隙缝，以免将枝干树皮完全勒断。在起棕和打结时尽量采用活结、活套或蝴蝶结方式，力求不打死结。只有在枝条末端最末一个弯子的最后一个打结点上，才可打死结。

(二)川派山水盆景的风格特征

四川多名山大川，山体雄秀，水势幽险，山水风景资源极其丰富，盆景石材的产地也遍布巴山蜀水之间。在这样得天独厚的地理环境中形成发展起来的川派山水盆景艺术，毫无疑问会带有本地自然风景的一些特质，其艺术风格的形成也与地方山水地貌条件是分不开的。

在漫长的历史发展过程中，川派盆景表现题材日益丰富，艺术形式日臻完善。川派盆景艺术作品也呈现出多姿多彩、百花齐放的繁荣景象。川派盆景艺术已经是我国西部园林艺术中不可或缺的重要组成部分。

1．山水盆景的艺术风格

山水盆景的创作在川渝两地十分活跃，已经创作出的作品类型齐备，数量繁多，艺术质量较高，并且具有鲜明的地方风格特色。从总体上进行概括，在川派山水盆景的众多作品中体现出的共同艺术风格，就是奇险幽秀、浑厚沉雄。其中，重庆盆景的沉练、激越与雄浑，成都盆景的幽深、险峻和雄奇，都是川派山水盆景的代表性艺术风格。

2．川派盆景的山石种类

川派山水盆景中应用的盆石种类比较多，其中主要有：砂片石（条状、片状）、英石、钟乳石、水秀石、湖石、云母片石、红层石、龟纹石等（图3）。

图3　部分盆景石材种类

3．川派山水盆景的造型特征

由于地方山水环境的熏陶影响和地方盆石种类资源的影响，川派山水盆景多以崇山峻岭、幽峡奇峰、层岩叠嶂、激流险滩等景观为主要的山水题材，因而在造型上就形成了高、悬、陡、深、奇的艺术特征。

高：川派山水盆景作品中的山体一般都做得比较高，但高的表现不单是指所用的石材尺寸高，它更通过造型上的高低对比，表现出巴蜀高山险峻而高耸入云的气势，反映了“上有六龙回日之高标，下有冲波逆折之迴川”的高峰深峡气派，景观既壮丽又雄奇。

悬：在盆景山体形象处理中，川派山水盆景作者经常采用吊、垂、悬、挂等技巧，将陡坡夸张为峭壁，将绝壁夸张为上部悬垂、下部虚空的悬崖，更将高耸的山峰上部加上倒垂的峰石，渲染了“三山半落青天外”，“群山万壑赴荆门”的险峻、奇异、超然物外的仙家气度。

陡：无论是表现高山峻岭，还是表现深峡幽谷，川渝山水盆景作品中对山脚、水岸的处理一般都是陡坡或陡壁式的。山体大多无余脉或余脉很短，山脚、江岸陡立，山石与盆面成80°～90°夹角，如刀砍斧削，壁立千仞，仿佛其下有湍急流水和惊涛骇浪，给人以“猿猱欲度愁攀援”的感觉，突出表现了“蜀道之难难于上青天”的意境。

深：川派山水盆景的创作中，或露中有藏，巧拙互用；或对比变化，平中见奇，既表现了名山大山的险峻与深沉，也展示出江峡谷壑的幽邃与奥深。因而这个“深”字，就不仅有层次的分明，布局中的曲折，也有山石的交错，意境的深远。

奇：石涛画山水有“搜尽奇峰打草稿”的感慨，川派盆景作者在创作山水盆景时也十分注意立意的奇特、构图的新颖和峰石造型的异样性，着力表现祖国西部的奇山异水和奇峰异石景观。

二、川派盆景的制作

盆景制作技术因盆景类别不同而有所不同。树桩盆景以植物材料作为主要造型材料，应该根据植物的形态特征和生理习性来进行加工制作；而山水盆景的主要造型材料则是自然的或人造的山石，制作中就要注意质地、形状、色泽和纹理等材料特点。

(一)自然类树桩盆景的制作

川派自然类树桩盆景的制作讲究因材造型，因势造型，强调树桩形象的自然和不露人工痕迹。虽然创作的作品千姿百态，但其形象却如同天然生成。

1．树种选择及其来源

适合作树桩盆景的树木在形态特征与生理习性上都有一些特殊性。主要用作观花、观果的树桩盆景树种，要求具有开花繁盛、花期较长或结果繁多，果色鲜艳，挂果期长的特点。除花果类盆景之外，其他树桩盆景则要求其树种具备的特点有：一是根干奇特，树形矮化；二是叶小节密、枝短杈多；三是萌发力强，耐剪耐扎；四要适应力强，盆栽易活；五应生长缓慢，寿命较长；六应枝干易于加工定型。只要具备上述特点的树木，均可用于制作自然类树桩盆景。

在川渝两地，制作自然类树桩盆景的树种常见有金弹子、六月雪、银杏、罗汉松、圆柏、匍地柏、龙柏、黑松、五针松、雪松、水杉、贴梗海棠、木瓜海棠、垂丝海棠、梅、碧桃、樱花、蜡梅、木绣球、蝴蝶树、黄荆、紫薇、玉兰、榆树、朴树、柽柳、平枝栒子、桂花、山茶、榕树、火棘、石榴、卫矛、垂丝卫矛、迎春、枸杞、胡颓子、披针忍冬等。

未经加工制作的植物材料称之为坯料。自然类树桩盆景坯料的来源有三：一是用播种、扦插、压条等繁殖方法，在苗圃里进行人工繁殖并培育成树坯；二是采集、挖掘野生的树桩坯料直接用于制作；三是利用树形及造型样式已被破坏而无法恢复的规则类树桩盆景的残桩，经过改型加工成为自然式的树桩。无论是人工繁殖栽培、树桩改型或是利用野生树桩，从选定为盆景材料到加工制作，一般以棕丝蟠扎法为主，辅之以修剪法进行造型加工。

川派盆景的蟠扎技艺历史久远，很早以前就有用各类树种创作的不同造型样式的古桩流传于世。

图4　立干与斜干合栽的六月雪丛林式盆景

在成都五福村招待所、成都金牛宾馆、成都杜甫草堂博物馆、都江堰离堆公园等处还保留着用很多树种创作的大量百年以上古桩盆景。

2. 自然类树桩的造型

自然类树桩盆景从造型特征方面来划分，可分为立、斜、卧、悬和古桩等5个基本造景类型，每一类型中又可包含几种造型样式。现就其中最常采用的几个树桩样式，即直立式、曲干式、斜干式、风吹式、卧干式、悬崖式、枯蔸式等，分别介绍它们的一些造型特点和加工制作技术要领。

(1)直立式：主干直立或干梢微曲，枝杈可按要求进行加工蟠扎与造型。在这种式样的树桩头，树态粗壮苍老的一般可用于表现平原、草地、浅丘地形中孤立的大树和古树风景。这些地方光照充足，土壤肥沃，因而植株粗壮、繁茂。而另一些较为细直、高挺的直立式树木种类，则最适合栽植成丛林式。由于丛林中植物种类较多，相互竞争，为争夺阳光而不断向上伸长，下面的枝叶因不能得到充足的阳光，便渐渐枯死，所以丛林中的树木就自然地形成林缘及林冠顶上枝叶茂密，而林内则枝叶稀疏、树干密集的现象。在做丛林式树桩盆景时，一定要做出这种景观效果来。总的来看直立桩头富含挺拔刚劲的趣味，一般用六月雪、水杉、柳杉、五针松、圆柏等树种都可造此式树桩(图4)。

(2)曲干式：茎干弯曲向上，株型一般不高，粗壮，古朴苍老。主干自根至顶回蟠曲折。有古诗曰："屈作回蟠势，蜿蜒蛟龙形。"便是这类树形的最好写照。此式常见用罗汉松、圆柏、贴梗海棠、垂丝海棠、梅(图5)等树种。这些树种，木质致密，体态却柔美，刚柔相济，趣味颇浓。在川派盆景中此类自然式树桩多半收材于本地枝盘缺损、树形破败的规则类古桩改造而成。

(3)斜干式：主干倾斜，一般略带弯曲，多用一株单栽，也有二三株合栽的(图6)。斜干式树桩树姿歪斜，似有醉翁之态，多表现丘陵、溪涧、湖边、河畔的树木景观。此式树桩一般栽于长方形或矩圆形盆的一端，以求盆面布局均衡。若重心不稳可点缀山石增加重量感，以稳住构图重心。根蔸出露的树桩做倾斜式最佳，这样既均衡了重心又显示古雅有致的风貌。此式造型常用的树种有金弹子、六月雪、贴梗海棠、罗汉松、梅、榆树等。

(4)风吹式：主干如斜干式，不同的是枝杈均朝一个方向急奔，宛若狂风来临时的树姿，真有"树欲静而风不止"之势，这是盆景中典型的静中生动而且动感特强的树姿。此式的创意大概是受到了高山松树姿态的影响。据载，"九华奇松"中的"迎客松"分别长在观音峰的百步云梯前及回香阁、百岁宫侧等风向固定的地方，因大风长久吹袭而生长缓慢，以致在迎风面的枝条逐渐枯死，形成只有另一面半边树冠的特殊树形。在盆景中仿照这种特殊的旗形树冠而做成风吹式桩头，就是以自然为师，在静中求动，动态十分强烈的树桩造型样式。但这种样式较为难做，初加工造型时以及造型完成时的树冠都是不完整的，偏冠现象明显，在配植于盆中之前显得很难看。解决这个问题的方法是：上盆配植时对树干的倾斜度和方向性进行调整，树干倾斜的前方空间稍留宽一些，注意利用山石点缀或种植

图5　曲干式梅花盆景

图6　斜干与悬干合栽的六月雪盆景

图7　卧干式垂丝海棠盆景

点土面隆起等方法来压住重心，采用大小对比和树形差异的植株相互搭配组合造出风吹式树景等。风吹式树桩造型一般用罗汉松、五针松、圆柏、银杏、榆树、紫薇、柽柳为好。

（5）卧干式：此式树干倒伏横斜而出，干躯上出数枝，枝稍向上伸长，成仰卧式；或者树干上做出若干平伏状枝盘，树梢再出枝盘低平伸展，成俯卧式。这两种造型的树木多长在坡坎或河湖之畔，虽历尽风霜，饱受磨难但有不屈不挠向上的精神（图7），或有苍翠欲滴，温良亲切而向下俯就的情愫。做仰卧式时，要注意横树干之上的几个立生主枝要有高低起伏、参差错落形态，其排列要疏密得当，有疏有密，不可等距地均匀排列。做俯卧式时，则要注意使树干以上枝盘尽量做得低平一些，枝盘位置不可太高，枝盘与枝盘间的高低错落幅度宜稍小些。卧干式用圆柏、匍地柏、六月雪、罗汉松均可，梅、贴梗海棠、垂丝海棠亦佳。

（6）悬崖式：悬崖式树木躯干凌空倾斜，飞腾而出，越出盆体向下飞泻，势不可当。黄山奇松闻名天下，奇就奇在它生长于悬崖峭壁之上，石隙之中。悬崖式树桩盆景大致受到此类树形的启示而做成。由于主干倾斜和下垂程度的不同，悬崖式又分为大悬崖式和小悬崖式两种。大悬崖式的整个树干倾身向下，犹如翻腾飞跃的蛟龙探身入海状。而小悬崖式树干则微微俯身，似有不舍离去之态。他们的区别是：大悬崖超过盆底，小悬崖未超过盆底。悬崖式树桩一般应悬根露爪使植株保持均衡，否则树态便不自然了，露根后的悬崖式更为苍劲有力。这种样式的盆景一般用松柏类植物较好，如罗汉松、五针松、圆柏、匍地柏等，也有用梅作成大悬崖式的，其效果特别好，很有“已是悬崖百丈冰，犹有花枝俏”的意境。

（7）枯蔸式：用形态奇特貌似枯木的树蔸做盆景，树蔸枯而不死，显现出顽强的生命力，具有枯木逢春的意境。枯蔸式树桩多用形态怪异的粗矮树桩或大树树蔸做成，加工制作方法多采用蟠扎加剪截的方法。其成品非常雅致，耐人寻味。川派盆景中多用黄荆、紫薇、榆树、南天竹（树蔸）、银杏、孝顺竹（竹蔸）等树种。

3．制作加工技法

（1）自然类树桩的身法：自然类树桩一般采用自然界野生老桩经剪截或雕琢加工而成，此种身法具有自然美的特色。如金弹子、黄荆、六月雪等，就常用野生老桩造型（图8）。另一种做法是用棕丝蟠扎小树，并经过多年补蟠与修剪整形而成具有古老形态的树桩。还有一种做法就是采用规则类古桩身

图8　利用野生树桩制作的金弹子盆景

法或不拘格式任其为之，自由造型成为自然式树桩，此法常用于罗汉松、圆柏、紫薇、银杏、梅、贴梗海棠等。这些种类的树桩在加工时对蟠扎弯子要求不严，只是要力求自然，尽量减少人工痕迹。无论自然式中的何种身法，均按上述三种方法加工制作。

(2)自然类树桩的枝法：自然类树桩的枝条造型原则上采用粗蟠细剪的方法。可以借鉴规则类树桩的出枝法进行加工，如采用平枝式、半平半滚式、垂枝式等，总之要力求自然。在加工操作中，要模拟自然林木态势，注意枝干阴阳面和叶的疏密浓淡，使枝干的高矮长短错落有致、层次分明。切忌枝杈互相交叉、眉目不分，树体结构主次不明、杂乱无章。自然类树桩造型，制作这类树桩必须深入细致地观察了解自然界中的树木形状姿态，并在树桩造型中借鉴和发挥，才能做成好的自然类树桩盆景作品。否则，做出的树桩违背大自然的客观规律，极不自然，不会产生成功的自然类树桩盆景作品。

(3)自然类树桩的露根法：自然类树桩盆景的很多种样式都需要露根观赏，以显老气横秋、苍劲古朴之态。在对树桩初坯进行加工时就要将多余的根剪去，留下的根用竹篾捆成龙爪形，随即栽入土中。尔后逐年扒土露根。若干年后，根部即悬于土表，十分苍劲、美观。应用此法切忌急于求成，否则将弄巧成拙，损坏盆景造型。

(4)自然类树桩的矮化栽培法：树形的矮化，是自然类树桩盆景具有小中见大艺术特点的主要原因之一；而盆景树木的矮化栽培方法，则是获得矮化树形的最基本途径。自然类树桩的主要矮化栽培技术有：其一，上盆栽培，长期在盆中培养，限制根系的生长空间，促使植株矮化。其二，通过对枝干的蟠扎加工、修剪短截和摘心处理，直接矮化。其三，扣水扣肥，限制水分营养供应。其四，长期在强光照环境中培养，由于光照过度而导致生长不正常，也有一定矮化效果。其五，适量喷洒施用矮化药剂如矮壮素、整形素、B－9、福斯芳等，均可矮化盆景树木。

4．树桩的配景栽植

自然类树桩上盆配景和栽植前需作好如下准备：第一，要有成熟的立意、构思和构图。树桩怎样配景，怎样栽，要做到心中有数。第二，准备好培养土、修枝剪、苔藓、树桩材料、山石及盆盎等。盆盎一般用陶盆、瓷盆、石盆三类，最好是盆底有孔的盆。盆的颜色、大小、深浅，样式应与桩景匹配，以比例恰当、搭配和谐、符合审美要求为准。这一切准备妥当后，便可上盆配景栽植。

(1)独干树桩栽植法：独干的树桩一般不宜配植在盆中央，而宜稍稍靠近盆后、盆左、盆右的任何一边。如在条形盆中，树桩大多种在盆左边或右边的三分之一处。如果是不止一条主干的树桩，应尽量将其中作为主体的那一条树干种在上述位置。

(2)丛生树桩栽植法：丛生树桩的植株布局比较复杂，一般应先确定主树的位置。主树也宜在盆的左或右三分之一处并略偏后的位置上。次树(仅较主树矮小的树)则直植于主树对面的三分之一处。衬树(主树的衬托、更矮小)则可植在主树附近，但不可平行。三个部分树木的位置应成一不等边三角形，无论是几株或几组的栽植原则均是如此，在此基础上还可灵活变化。从生性树桩合栽时，植株数量一般为三、五、七、九等奇数，不宜用偶数。栽植丛林式树桩盆景，不一定要株数很多才能表现丛林景色，如能配植得疏密有致，树态相宜，则同样能达到目的。关键不在数量，而在于布局。多株的合栽必须注意树木空间的变化与整体的配合，才能表现出自然美。

(3)树桩的方向性的调整：配景栽植时选择树木的正面也很重要。一般在树桩初步定位之后，栽种植株和配置山石时必须仔细审视，选择观赏性最好的一面作正面。树桩正面的空间宜稍稍宽敞些。至于栽种在盆内的左边或右边，也要根据植株的阴阳面形态而定。大多数桩头在形态上均有一定方向性。栽种时必须注意：当主干向一方倾斜或树枝向一方伸展较长时，如树势向左，则树桩栽植于盆右；如树势向右，那么树桩需要栽植在盆左。

(4)上盆栽种与管护方法：待树桩定位后，将培养土铲入盆内，填实根的间隙，再埋置山石作为配景。配置完后用竹扦或用手将土与根插实，土要填到接近盆口处。为了增加盆内土面起伏，有的地方可以在填土时增高或降低土表。树木栽种的深浅也要根据造型的需要，一般栽种至根茎处微露根部即可。栽植完毕后可在盆面铺上青苔，并用手压紧，使苔藓与土壤紧密结合，再浇水湿透苔藓。做好的树桩盆景养护还是需要放在较阴凉、湿度较大的环境中进行，15天后则可按常规护理方法进行管理。

(二)规则类树桩盆景的制作

川派规则类树桩盆景的造型，在树干加工制作方面有10余种身法，而在枝条组合排列上则分为“三式五型”的枝法。这些树桩的加工造型都用棕丝进行蟠扎操作，个别树种在蟠扎嫩枝时也有用单根席草的。枝干蟠扎时所做弯子的形状分方形弯和弧形弯两种；在半个世纪前，树干上蟠扎的弯子又被叫做“弯拐”或“汉文拐”，方形弯称“方汉文拐”，弧形弯称“圆汉文拐”。

规则类树桩盆景由何人所创？如何兴起？各种身法、枝法规律形成的具体年代如何？目前已无从详考。20世纪40年代前，蟠扎艺农们都遵循师传造型，虽然蟠扎的树桩同属规则类，但因树龄不同或树种各异，结果蟠扎操作时的身法、枝法亦异。树桩身法、枝法规律严谨，枝干曲折多变，这是川派规则类树桩盆景的最主要特点。

1.树桩身法及其制作技艺

下面以川派树桩盆景10个基本身法为主，分别介绍其树干造型方面中各自的蟠扎加工技艺要点。

(1)掉拐法：这种身法的制作步骤：在大型的树木植株选定之后，移于圃地斜栽，斜度以30°为宜；一年后进行蟠扎。若有技艺熟练的助手，也可当时蟠扎。对于中、小型的植株，则将其斜放于花盆内栽植固定起来，可及时进行蟠扎操作。掉拐法的主干第一个弯为正面弯，但弯顶略向第二个弯的弯背偏斜。蟠扎第二个弯时，棕丝应搭在第一弯顶端扎丝点的下端四分之一处，略向上移或略向下移一点均可，按植株生长的情况而定。第二个弯为斜弯，习称“挂弓拐”，形同弓挂在人肩上一样。通过这个斜形弯，第三、第四、第五弯就转换成了侧面的弯。蟠扎口诀“一弯大、二弯小、三四五弯看不到”即是指此。第三、第四、第五弯都是来回弯曲，可以每蟠一个弯都重新搭丝，也可不换丝连续蟠扎下去，这要按实际情况而定。但第三个弯需向第一个弯的弯顶所指处偏斜，四弯、五弯向第一个弯的背向偏斜，即传统所说“一弯、二拐、三出、四回、五镇顶”，或说成是“一弯、二拐、三怀、四抱、五照足”。镇顶，又称为正顶，植株顶正之意。照足，即要求第五弯的顶端与植株基部成一垂线，上下呼应，这才符合自然界的树木形态。整株蟠扎完毕，正面看，是下部一个小弯，上部一个大弯(图9)。

图9

图10

成都的盆景蟠艺工作者常常有意在掉拐式树干后足盘(即树干第一弯背部的第一层枝盘)位置以上生长的枝条中，选一壮枝，立起蟠扎1～3弯后转蟠成后面的第二盘，称为带子，或称为后带子。这样造型显得雄伟壮观，形如武士乘骑，挥手回顾，素有“立马望荆州”之说。若无适宜蟠扎的枝条，也可不立带子。若立不上带子，又无蟠扎第二盘的枝条，那么在第三盘的部位上有粗壮分枝时，可蟠扎成双层的两个枝盘，与前二盘、三盘相配，这样匹配得当，也很美观，这种特技手法习称“挂飞枝”(图10)。

用掉拐法蟠扎的树干有正面背面之分，这主要是看第二个弯的情况。第二弯的弯内向着前方时，该树干就是正面掉拐；而这个弯以弯背向着前方时，就属于背面掉拐的树干了。传统的掉拐式制作都是这样一正一反成对造型的。若蟠扎的第一弯都是同方向的，那么蟠第二个弯，就须一正一背，才算成对造型。若两株都同为弯内方向或弯背方向，就成为“排队伍撵趟子”了，旧时是要受师家训斥，也会被同行取笑的。掉拐法的树干，习惯上是五个弯，偶尔也有六个弯的。通常是第一个弯大，第二弯适中，第三、第四弯的高度等同于第一个弯或略高一点。

蟠扎掉拐式身法时，枝盘的层数按树种而定。蟠扎平枝式规则型枝盘多为五层十盘，但也偶尔有六层的。蟠扎平枝式花枝型的，则下部枝盘长一些，向上逐层依次缩短。前后足盘(即第一弯上的第一层枝盘)的共同长度，与植株高度相等或稍短于树高。

适用此法蟠扎的树种，有罗汉松、圆柏、华山松、水杉、银杏、石榴、蜡梅、梅、桃、樱花、麦李、桂花、山茶、杜鹃等。

(2)接弯掉拐法：亦称逗身掉拐法。此法适用于树干粗硬已不能弯曲而又萌发力很强的树桩坯料。操作时，将树干上端锯下，只留基部20～50 cm高的树干；树大留高些，树小则留矮些。将树桩掘起来，斜栽，角度50°～70°(图11、图12)。待生

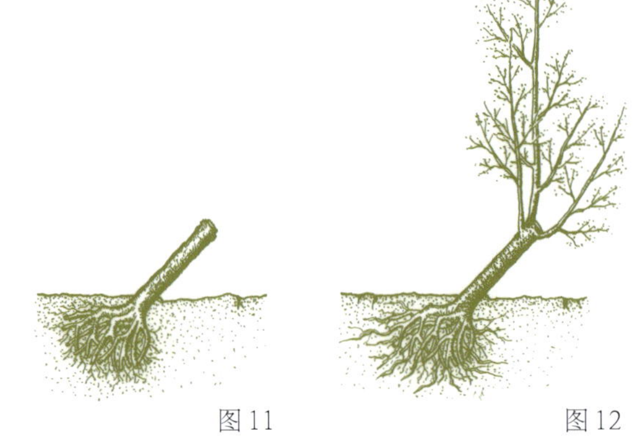
图11　　图12

出的新枝条粗度相宜时，选生长有侧枝的一个粗壮主枝蟠作新的主干。蟠扎出一个弯，就着手以侧面见弯的方式继续蟠扎。蟠扎出的第一个弯、第二个弯和第三个弯都与下部斜栽的粗硬树桩结合一体，从正面看起来好似一个弯的整体，以后经过的年代越久，树干越显得古老壮观。

这种在树干第一弯的下半部带有一段粗老旧桩的掉拐式做法，被叫做“接半截”或“受半个弯”，此弯以上树干的蟠扎方法又与掉拐法全相同，故称这种特殊的掉拐法为“接弯掉拐”。也有人说，树干第一弯的上半个弯就像是逗(嫁接)上去的，故又称逗身掉拐法(图13、图14)。

用接弯掉拐法蟠扎的树种较为广泛，如罗汉松、水杉、石榴、紫薇、银杏、紫荆、金弹子、木绣球、蝴蝶树、垂丝海棠、贴梗海棠、火棘、梅、蜡梅、桃叶卫矛、榆树等都可以。这些树木若遭遇

图13　　图14

人为损害、虫害或自然灾害而发生树干断折时，采用此法加工成接弯掉拐式树桩，却是良好的树坯材料。这也是改样造型、更换树木形态的一种变通方法，可以变废为宝，化腐朽为神奇。

(3)对拐法：对拐亦称正身拐。用对拐法蟠扎较为简单，主干的弯法是在同一立面上左右来回弯曲；通常只有一条主干，没有“带子”。由于主干的弯拐是来回状，也立不上带子，因此这种造型只用于特定场合，如用于建筑物门前、厅前的配置等；蟠扎从艺者一般少用此法。若是用对拐式大型而古朴的树桩对植于门前、厅前，整齐对称、协调自然。对拐法树干上弯的表现特点是：从正面可看到树桩主干上全部的弯曲部分，逐渐转至侧面，则弯子逐渐变小，到正侧面位置时，就会状如直干了(图15)。宜用此法蟠扎的树种有：罗汉松、华山松、水杉、圆柏、银杏、石榴、贴梗海棠、垂丝海棠、桃、榆树等。

(4)方拐法：方拐亦称为“方汉文拐”。方拐法的主干仍属来回弯曲，颇像对拐法，只是弯的形状要蟠扎成一侧缺口的矩形，树干被蟠扎成近似“弓”

图15

字形状。这种蟠扎样式曾为20世纪30年代之前郫县的李洪泰独家所有，30年代时出售给了刘炳南。40年代中期由刘炳南又出售给抗日阵亡将军李家钰的家属。50年代，李氏庭园内的花木及方拐式树桩被挖受损严重，其后二三十年间又无人管理，以致该园的方拐式树桩盆景作品最终绝迹。

用方拐法蟠扎需要从幼树开始，蟠扎成典雅古老树态的成型树桩，最快亦要10多年功夫；若要树桩完全定型，达到严谨古雅的效果，则须得20年以上的时间。由于蟠扎成型时间长久，费工甚多，因此做成此样式实属不易。对这种身法的树桩，特须注意维护保养，倘若后期补蟠疏忽，维护失时，就会损其风韵，失去美态。因为有以上多种原因，所以采用此法造型时难度较大。

做方拐式树桩时，可以先用细竹棍立起支柱、捆缚横竿，搭成支架。蟠扎时每上升一弯，就要移动竖竿，另捆横竿之后再依照支架形状扎出矩形的弯子。现在若采用方拐法造型，也可先将树桩高度确定，计算好每一弯的尺寸，用稍粗的钢筋弯曲成弓字般的方拐式身法模架。然后将钢筋模架固定好位置，依照模架形状捆扎小树的树干，从下部到树顶扎成标准的方拐样式。用这种方法可以大大简化方拐式树桩的操作程序，降低技术难度和操作上的麻烦程度。

在枝盘的蟠扎造型过程中要密切注意不同树种发枝、生长的习性，做到适时蟠扎。蟠扎中树干的矩形弯子每上升一格，都要等到有合适枝条长出之后再蟠扎出一层枝盘。蟠扎枝盘的树枝，必须是生长在树干矩形弯子转角处的才适用。全树共有枝盘六层，每个枝盘的做弯形式仍然是蟠扎成弧形弯(图16)。由于要等待有枝盘后树干的方形弯再上升，故方拐式造型并非短期便可成功，必须多次地、适时地扎枝增盘，细心管护，才能最后成型。

此身法主要用垂丝海棠来做，当然也可用其他树种，但根据前人的经验，用垂丝海棠以外的树种做成的方拐式树桩，其观赏效果则大为逊色。

(5)三弯九倒拐法：此身法的做法比较简单的。操作时，先如对拐法的树干形状蟠扎出侧面的九个小弯子，再回到正面，在已有九个侧面弯的基础上，自树干至顶端蟠扎出正面的三个大弯，树干即可成型。树干蟠扎要从小树开始，无论是蟠扎侧看的小弯还是蟠扎主干的大弯，都要从下层开始，等蟠扎成并带有了下层枝盘后，再使树干逐层上升做弯，逐层蟠扎出枝盘，直至树顶枝盘扎成。全树树干有三大弯、九小弯，枝盘共六层十二盘，蕴含着三、六、九、十二等特殊数字，其古文化的内涵意趣颇为深远。将三弯九倒拐树干蟠扎成型，其费工费时与方拐树干相同，只是不立柱架而已。由于主干随枝盘逐层上升，又要顾及正、侧面的弯，若要达到预定目标，较方拐树干的制作难度还要大些(图17、图18)。从实践上讲，用此法蟠扎的树种也是以垂丝海棠为佳。

(6)滚龙抱柱法："滚龙弯"就是螺旋弯。滚龙抱柱法树干的第一个弯和第二个弯的蟠扎方法与掉拐法相同，第三个弯以上就与掉拐法不同了。第三弯蟠扎时不像掉拐法那样要回曲，而是倾斜盘旋向上。每蟠一弯，都得另换一道棕丝。棕丝起点都是搭在前一弯子扎缚点的下端三分之一处左右。整株树的树干蟠扎成螺旋状，形如古建筑庙宇柱子上雕刻的苍龙绕柱之态，故名滚龙抱柱。用此法蟠扎树

图16

图17

图18

干也与掉拐树干一样有正、反之分，即树干螺旋弯曲的方向可分为左旋和右旋两种不同做法。若用二树成对造型，也与掉拐树干做法一样，在扎第二弯时弯曲方向有向前和向后的区别。滚龙抱柱法适宜多数树种的身法造型所采用，而其枝法造型则宜按树种的不同而分别确定。大多数滚龙抱柱式树桩在初蟠时采用平枝式花枝型做成枝盘，而后来则逐渐转为平枝式规则型枝盘的造型。成型的滚龙抱柱法树桩形若苍龙入海，回转盘桓，神形兼备，生动而又规律谨严，中国龙文化的魅力十分显著(图19)。

适用此法蟠扎的树种，有罗汉松、圆柏、水杉、石榴、木绣球、紫荆、紫薇等。以上树种在初蟠时常用平枝式花枝型与规则型枝法，贴梗海棠、垂丝海棠宜用半平半滚式枝法，而梅、桃、蜡梅、山茶、桂花、杜鹃等，则用小滚枝型和大滚枝型枝法蟠扎。

(7)大弯垂枝法：亦称大拐垂条法，20世纪50年代前，仅见灌县龚吉如氏独家制作。其做法是将粗壮的主干蟠一个大弯，蟠好大弯后，将大弯顶上的干锯除，所有枝条剪光。弯前、弯背和弯顶通常用另外的植株进行靠接(亦称诱接)。弯前，弯背采用颠倒嫁接法进行靠接，在大弯前后各形成一个大型的垂枝。靠接这样的大垂枝前，要细心选择能够蟠扎出四、五层枝盘的大枝。在大弯顶上靠接粗枝作为上部主干，也同样重要。嫁接成活后实行切离，蟠扎的身法就初具規模了。在枝盘蟠扎方面，伞型树冠共扎出十层二十个枝盘，称为“十全十美”(图20)。其成对摆设，称为“四时如意”，也含事事如意之义。

(8)直身逗顶法：亦称直干接头法或直身加冕法。此法通常用于六月雪的蟠扎，其他树种应当是生长特殊能蟠成大型或中型树桩盆景的。如在树干基部40cm高处有适于扎成枝盘的枝条，并且沿着树干往上也生有多个枝条，而主干又太粗硬不能蟠扎出弯的，可采用这种身法。但是在粗干顶上长出的新枝中，必须有能蟠扎成二三层或四层枝盘的较粗主枝，以后将利用这个大主枝在上端加工成带有几层枝盘的新树干。操作中务须留意此法名称上的“逗”字，其含义就是嫁接、接上的意思。好似人戴帽子一样，如果这个新树干及其枝盘做得不好，虽然其下方的粗树干及枝盘都做得很成功，这个树桩也一样会显得上下不统一，不能很好体现作品的创作意图。此法也称直身加冕，其上部新树干与新枝盘犹如古代帝王戴的冠冕一样(图21、图22、图23)，立存粗直的下部主干之上。因此，在蟠扎枝盘时一定要做得丰厚些，使压顶的上部树干枝盘显得挺拔、雄厚、丰满。

适用此法蟠扎的树种，除用六月雪蟠扎中、小型树桩盆景外，还可用罗汉松、紫薇、石榴、 银杏、玉兰、垂丝海棠、贴梗海棠等蟠扎中型或大型、特大型树桩。

(9)逗身照蔸法：亦称立身照蔸法、立身照足法。此法用于原无主干的树蔸材料。树蔸来源是：在河边、路边、林间、山麓等自然生长的树木，经常受到砍伐和损折，只有树蔸得以长大并形成怪异形状，而且树龄长达几十年、百余年或更长时间。这样形成的树蔸就是此种身法的最好材料。

逗身照蔸法的操作步骤是：首先将树蔸掘起，看清树根生长形态和树蔸的哪一个面形状更加怪异古老；然后或者以蔸为主，或者以根为主，或者根蔸结合，确定造型方向之后进行栽植，并注意养护。

待发出新枝适于蟠扎时，就按树蔸大小和高低情况，选二三个生长位置合适的粗壮枝条蟠扎为立

图19

图20

图21

图22

图23

于莞上的树干。两条树干应蟠成一个主干和一个副干，三条树干的则蟠出一主干，二副干；而有的小树莞，也可只蟠一条树干。初蟠扎时将树干蟠出三个或四个弯子，副干蟠出二个或三个弯，均应根据树莞大小、高低和枝条粗细来决定。主副干的弯子都以侧面看见弯为主，正面看也应具一定弯度。副干与主干要相互配合，还要注意本法名称中“照莞”字样的处理要求(图24、图25)。

照莞中“照”的意思，就是在蟠扎树干时，务必照应树莞生长的姿态。用几根枝条蟠扎有多个树干时，一定要将各树干位置合理地确定好，既要符合传统手法，也要将树干顶端对准基部，使二者保持在同一条垂线上，上下照应。同时，还要注意使树干在正面也能现出一定弯子，以显示枯木逢春、欣欣向荣的景象。

适于采用逗身照莞法蟠扎的树种有榆树、朴树、银杏、垂丝卫矛、胡颓子、金弹子、玉兰、桃叶卫矛、火棘、黄荆等。

(10)巧借法：或称综合法。此法原本不属正规身法，故蟠扎的树种不广泛，它不同于以上9种身法，而是在树干弯曲形式上一部分像掉拐法，一部分像对拐法，还有的为滚龙抱柱法或显示为一段直干等等。此法是根据植株生长形态方面的特点而灵活运用蟠扎技法的一种身法。具体操作时必须细心观察和思考，多多实验，自能做到得心应手，使造型生动活泼。此法通常用于蟠扎贴梗海棠及其相近的品种，也偶尔用于蟠扎金弹子，其他树种则常常不用此法蟠扎。这两个树种做成树桩盆景的作用一是赏花，一是观果。贴梗海棠的枝条生长又较其他树种特殊，茂密多节，转折弯曲，坚硬多刺，本身就有比较明显的古老性。按传统做法，巧借法树桩初蟠时以半平半滚式枝法来进行枝条造型；但为了使造

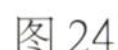

图24

图25

图 26　　图 27

型速成，也可借用上述 9 种身法中的其中一种，采用借取手法，巧妙结合树桩造型。总的来说，树桩顶端与基部仍须构成垂直线，方显稳健雄奇(图 26、图 27)。

蟠扎身法，就是蟠扎树干，除上述 10 种外有时也用数条树干合成造型，如有二干、三干、四干、五干者，同行称双出头、三出头、四出头、五出头，都是起于基部作分栽状，但也有用几条树干合并栽成的。数干合并栽植时，从正面看，应当是中间树干最高，两侧树干高低错落。从侧面看，数干如同直线或基本成直线。具有几条树干的树桩盆景，依身法而论，在直身逗顶树干、逗身照蔸树干中常常使用二出头与三出头，而掉拐式树干、接弯掉拐式树干的大型树桩，有时也用二三干甚至用有五干的。巧借法的树干中也常用二干蟠扎。其他身法具有很强的特殊性，不能双干或多干并立，故不使用一条以上树干，如对拐法、方拐法、大弯垂枝法等均属此类。

2．树桩的枝法及技艺要领

规则类树桩盆景的枝条造型分为三种样式五个枝型。下面分别叙述各种枝型的蟠扎技术要领：

(1)平枝式规则型：平枝，亦称平盘，但不是整个枝盘呈水平状。枝盘伸展状态，或是自基部开始直到端部就一直下倾，或是枝盘基部和中部平整而边缘部分稍往下斜，再或是枝盘基部保持平整而中部至端部逐渐下垂。每一枝盘上分枝的排列，都须与主枝在同一平面上。

直接从树干上生出的粗大枝，称主枝，亦称甲级枝，在盆景同行中也习惯称“出枝”。主枝上生长的枝，习惯上称为分枝，也叫乙级枝。每一个枝盘(也称枝片或云片)由主枝和分枝按一定规律排列组成。树桩上同样高度的左右两个枝盘构成一对，即成为一层枝盘。新蟠扎的树桩盆景需按身法确定树桩上枝盘的层数。在掉拐法、接弯掉拐法和对拐法树桩中，枝盘为五至六层。在方拐法、三弯九倒拐法中，限定为六层枝盘，不能多也不许少。大弯垂枝法的枝盘数规定要做到十层。而直身逗顶法、逗身照蔸法则历来为六层、八层或九层枝盘，原先是不许作七层的。但现在看来，只要枝盘层数与主干能够相配协调，做七层枝盘也未尝不可。

从正面看，规则类树桩盆景是往左右两侧出枝。而以盆景树桩自身的方向性来看，其树干下部第一弯的弯内方向为该树桩的前方，而弯背方向为后方。直身逗顶法的主干，根据逗顶或栽植有无斜度来决定前后。巧借法和逗身照蔸法，则根据树干偏向与副干配置情况而确定前后方向。

在树干第一弯的弯内方向出主枝，称前出枝；在弯背方向出枝，称后出枝。树桩下部的第一层枝盘，叫足盘；前出枝做成的枝盘为前足盘，后出枝的为后足盘。足盘以上的枝盘，从下至上被习惯称作第二盘、第三盘、第四盘和第五盘。若只有五层枝盘的，第五盘又称为顶盘。树顶主枝构成的顶盘称大盘。上出枝与下出枝及上盘与下盘之间，不论枝的基部生长远近，枝盘末端的距离应蟠扎得基本一致。若上层出枝的枝条生长点与下出枝太接近，可先往上立起蟠扎一个弯后再向外平伸做弯排枝，才能使树冠疏密有致，层次分明。同样，若上层枝条生长点与下出枝距离较远，也可蟠一个斜下垂的弯子后再往外平伸排枝。若是应蟠扎主枝的位置上无枝条可蟠，而其上方有枝条又比较粗长，而且还带有分枝，那么就可用挂飞枝的手法。所谓挂飞枝，就是将一个主枝蟠扎成两层枝盘，利用其下层的附属枝盘来填补缺枝部位。这样处理，不仅枝端的距离能达到匀称要求，而且造型上也更为生动美观。

下面从主枝和分枝两个方面来了解枝盘的蟠扎操作技术：

①主枝(出枝)的蟠扎操作方法：蟠扎主枝时，棕丝通常搭在发枝处的下方，但也有极少数的特殊枝条需搭丝于发枝处的上端，搭丝的位置及搭丝点距发枝处的远近，应根据枝条生长情况决定。主枝基部第一个弯应当按枝条生长方位的不同，蟠扎成小半个弯、半个弯或大半个弯以致一个完整的弯。蟠扎第一个弯的目的，主要是将原本斜立着生的主枝蟠平(图 28、图 29)，这是推排出枝的关键，也是决定主枝排向何方的基础。所以第一个弯即使弯度不够大，只要能使主枝伸出的方位符合构图需要，

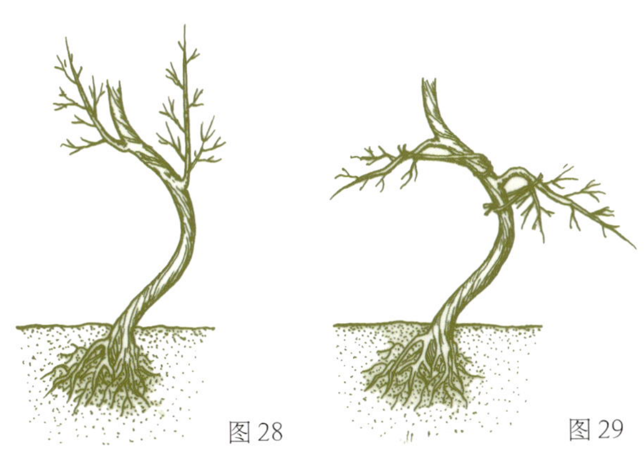

图 28　　图 29

也就是合格的。主枝生于树干侧面略前一点，为最适合出枝需要的(图 30 ①)，若主枝生于树干侧面稍后，蟠扎时将其第一个弯扎得略为大一点，也算是合格的弯(图 30 ②)。假如主枝生长在反(背)面，则应先将其用棕丝蟠扎到侧面，再换棕丝，从发枝基部搭丝向侧方适合的位置蟠扎出弯，或直接在主干上搭丝进行蟠扎，这种蟠扎法称为"换丝法"或叫"十字丝"。遇着这种枝条，其第二个弯或第三个弯是定向的关键弯(图 30 ③)，要注意控制其弯曲度，调整好出枝方向。若主枝生在树干的正面，亦是比较麻烦的，须先将枝条蟠拴至侧面方向，再换棕丝从发枝基部不远处搭丝蟠扎第二个弯，这亦称"换丝法"，或叫"偷丝法"。第二个弯要稍稍蟠大一点，如此，枝盘端部才能到达预定的位置上(图 30 ④)。

不论主枝基部第一个弯或第二个弯是怎样蟠扎的，在第二个弯或第三个弯初蟠好后，都要审视其是否能够蟠扎到预定的方向。如果已经达到了预定方向，便依照对拐法的弯曲形式蟠扎平面上的枝条弯，从枝条基部到枝端，弯可逐渐缩小。每一主枝上能蟠扎几个弯为合格，这须根据树干大小、高低和主枝粗细决定。前后足盘的合计伸展长度，不能超过主干的高度。前足盘与后足盘的长度不一定相等，应随树干身法和弯的情况而定。例如，掉拐法的前足盘就一般要比后足盘长些。从整个树冠范围来讲，通常是上盘比下盘短些，愈上依次愈短，切忌上盘长，下盘短。除树干顶部两枝盘合二为一成平出状态外，其余主枝的出枝基部以相互错落成互生状为好，这样比对生出枝的更显生动灵活，枝盘的分布状态要美观一些。

②分枝的蟠扎操作方法：分枝是生长在主枝上的枝条。蟠扎时，先将主枝上的弯全部蟠扎完毕，再从主枝末端开始，将分枝往主枝基部推排。着生在主枝上方和下方的分枝中，除能借用而又不妨碍枝盘平整的之外，其余的一般都剪除不用，只蟠扎生长在主枝两侧的枝条。蟠扎分枝的操作方法与蟠出枝基本相似，第一个弯仍是按枝条的生长情况而决定蟠扎深度，惟有棕丝搭法方面有些不同，搭棕丝时需要在主枝上缠两圈。分枝通常较为纤细，蟠扎后容易发生上翘或下垂现象，因此棕丝在主枝上缠两圈的目的，就不仅是使棕丝不得随便移位，而且又能够方便人工调节移动棕丝。当分枝上翘时，即往下转移棕丝，将分枝与主枝调整至同一平面。反之，当分枝下垂时，将棕丝往上移动，使分枝处于和主枝相平的位置。分枝的第一个弯向前、向后蟠扎均可。分枝在主枝上的布置状态应当做到疏密均匀、排列平整，这样才能显得工整、美观。

平枝式规则型树桩的每一出枝(一个枝盘)都必须做到无拱翘，无偏斜歪垂，分枝排列均匀平整，才能算是合格的枝盘。举例说，一盘出枝犹如一个叶片，主枝相当于主叶脉，分枝则在主枝两侧按羽状排列如侧脉。有些初蟠成的枝盘形状是卵形或狭卵形，经多年补蟠成型后，则发展成阔卵形、扇形或团扇形了。

(2)平枝式花枝型：平枝式花枝型的蟠法是除了把过密的枝条剪除外，基本上是见一枝就蟠一枝，枝条排列较紧密，并且可在同一发枝处蟠扎出三四个枝条，也就是说，枝盘的前后左右都可以蟠扎出枝条来。其枝法仍然是要求树桩的前枝盘长于后枝盘，而足盘长度最大，越往上层的枝盘越是稍短。花枝型的枝盘形状及分枝排列要求，均与规则型相同，只是主枝与分枝的排列关系不用按对称的羽状排列方式处理。树桩中部可以有稍短的枝盘，枝盘排列以长短交错、分布均匀为宜。用花枝型蟠扎的树桩只适于身法为掉拐法、接弯掉拐法和滚龙抱柱

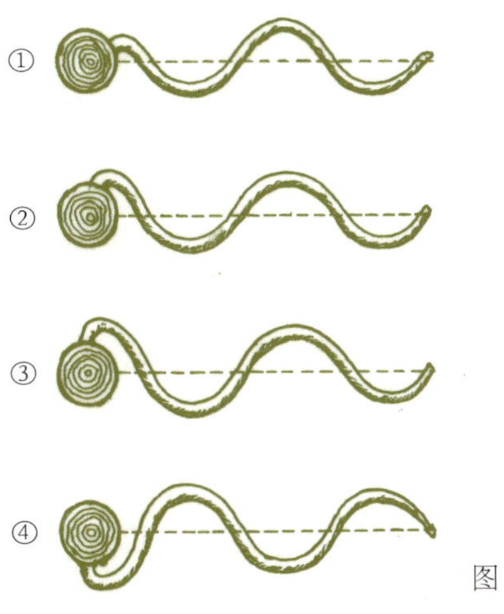

图 30

法的，其他身法不宜使用这种枝型。但是在具备三条以上树干的直身逗顶法，逗身照莵法树桩中，枝盘的规律本是平枝式规则型的，而有时也可在树干中段增配数个出枝，以增加形象变化，这种增添的出枝亦叫花枝；当然从实质上讲，它不属于真正的花枝型。另外，花枝型的枝盘还要忌讳蟠扎得疏密不均和蟠有斜弯枝。有很多树桩在初蟠时用了花枝型枝法进行蟠扎，使枝盘顶端成尖顶形，以后经过多次补蟠，逐渐转成了平枝式规则型枝盘。所以在现存的许多古老树桩中，除极少数如罗汉松树桩还保留着花枝型枝盘以外，大多数都是定型的平枝式规则型枝盘了。适于蟠扎平枝式花枝型枝盘的树种，有罗汉松、圆柏、水杉、石榴等。

(3)滚枝式小滚枝型：在滚枝式树桩中，蟠扎不同树种时需要采用不同的滚枝枝型，所以在滚枝式下面又有小滚枝型和大滚枝型的不同做法。这里先介绍滚枝式小滚枝型。

小滚枝型的蟠扎方法与平枝式花枝型相似，也是在剪除少数冗枝后，见枝蟠枝，所不同的是小滚枝型蟠有立弯枝、斜弯枝和回曲枝。

①立弯枝：树干上或主枝上生长的枝条，可向上蟠出几个弯子，基本上与树干并立，以填补树干上部无枝条的空处，当其弯不转向时就如同次要树干一般，这就是立弯枝。这些枝条有时向上蟠出一两个弯子后，又转向出枝方向蟠扎出平面弯子，其形如同枝盘一样。

②斜弯枝：生长在主枝上面并且向上立起的短枝和向下生长向下垂落的短枝，可往侧方蟠扎一个弯或两个弯，这就是斜弯。若是枝条较长，在蟠出一两个斜弯后，仍应转为平枝。在斜弯的方向上，可以是弯子的弯背朝着上方，也可以是弯内朝着上方。弯子方向既不与主枝的弯子相平，也不与树干的弯子一样，其形如斜挂弯弓，故又称它为“挂弓拐”。又由于其弯子呈倾斜状，所以被称为斜弯枝。

③回曲枝：当主枝蟠扎到一定位置，发现左右或上下缺少枝条时，可以将主枝枝条倒转回蟠，去填补缺枝的地方；这种回转填空的枝条就是回曲枝。若是可供蟠扎的枝条较多，当蟠扎到一定位置后就可剪除太长的枝段，不一定要去蟠扎回曲枝或立弯枝了。树干上的枝条蟠扎够了就可剪除多余的杂枝。

立弯枝、斜弯枝和回曲枝的做法在小滚枝型中很常见。而在平枝式花枝型树桩中，是不蟠扎与树干并立的立弯枝和使枝盘不平整的斜弯枝的；纵有缺枝的空处也不蟠扎回曲枝去填空；并且花枝型树桩有着明显的枝盘层次，这是花枝型与小滚枝型的区别所在(图31)。

应当注意的是，小滚枝型树桩的枝与枝之间排列应当疏密均匀，但基本达到疏密均匀的要求也算合格。用这种小滚枝型蟠扎的树桩，从立面上看是圆锥形，而从俯视平面上看则如椭圆状。

落叶后开花的树种和花叶同放的树种适于用小滚枝型蟠扎造型，如蜡梅、梅、樱花、桃、榆叶梅、麦李等。

(4) 滚枝式大滚枝型：蟠扎此种形式的树桩，不仅受树种特性及枝条着生方式所制约，而且还须蟠扎技艺娴熟。要经过反复的操作实践，才能达到即使树冠内枝条曲折多变、疏密均匀，又能保证树形工整、枝条密而不乱的标准。具体做法是，先选择枝条生长良好并适于蟠扎大滚枝型的植株作为素材，然后把树掘起，斜栽稳固之后再进行蟠扎操作。树干的身法用掉拐法或滚龙抱柱法蟠扎好，再开始蟠扎枝型。采用大滚枝型的树桩无主枝分枝的区别，不论是树干基部还是顶端的枝条，无论是大枝还是小枝，均不剪除，要将所有枝条全部蟠扎完。在进行枝条蟠扎操作之前，要先行观察，仔细算计，哪一枝条向哪一部位蟠扎，枝条蟠到什么地方为止，都要基本做到心中有数。若是枝条过长，可以卷旋蟠扎，弯子也可时大时小，主要是把树冠内空缺填平补齐，哪里缺就往哪里蟠扎，以至于左枝蟠于

图31

图 32

右，右枝往左扎，上枝向下拴，再返回向上弯都可以。惟一的要求是注意使叶面向外向上，不能向内向下。用此法造型的树桩，从上往下俯看是呈椭圆形，而从立面上看则是标准的圆锥形。因此，蟠每一枝都要按照下大上小的圆锥形排列整齐，使圆锥形树冠表面没有凸出凹入之处，树冠内枝条疏密均匀，这样才算合格的大滚枝型（图 32）。

枝顶开花的常绿阔叶树种适于用大滚枝型枝法蟠扎，如杜鹃、桂花、山茶等。技术熟练的盆景工作者用二至三个花色、花形、花期不同的品种合并栽植，按大滚枝型将所有枝条交错蟠扎，这样做出的树桩盆景就更显得五彩缤纷，美丽动人，而且花期也更加持久。

（5）半平半滚式枝型：亦称代平代滚式枝型。这种枝型介于平枝式和滚枝式之间，其具体操作与平枝式小滚枝型的枝法相似，不同之处是不常蟠扎回曲枝和连续几弯的立弯枝，只是偶尔蟠扎有这两种弯曲形式的短枝。半平半滚式树桩由于树种生长势强，树体逐年升高增大，枝盘也随着不断加大而转为平枝式，最后可完全成为或基本上成为平枝式规则型枝盘的树桩。何时转为平枝式规则型枝盘的树桩，还要根据植株的发育和每次补蟠时的取舍而定，即随时要增添或剪除一些枝盘。这种枝法的树桩多数在树顶有五个枝盘，形成尖形树顶，而随着补蟠添枝、换盘，最后可转为平形树顶。所以我们看见现存的垂丝海棠、贴梗海棠的古老树桩都呈现平枝式规则型枝盘，就是如此形成的。对这些古树桩若注意审视，也不难看出其当初的枝型样式。

半平半滚式枝法造型只适用于垂丝海棠、贴梗海棠两个树种和它们的一些栽培品种。

3．蟠扎树种和蟠扎时间

蟠扎树桩盆景的操作时间颇为重要，只有适时蟠扎，才便于操作，也可减少树枝的损坏。在适宜的日期中进行蟠扎时，枝条柔软，弯曲容易，可以随意蟠扎，蟠扎后枝条生长能够保持正常。若在不适宜的时期进行蟠扎，则枝条失去韧性，易于折断，纵然能够蟠扎好，但对树木生长发育也有影响。

树种不同，适宜蟠扎加工的时间也不一样，但小型树桩新蟠和一般树桩的补蟠却通常不严格要求时间。有些地区习惯的蟠扎时间也和其他地区有差异，但在这里不必详究。

川派树桩常用于蟠扎的树种及其适宜蟠扎的时期，可参见下表：

树桩盆景树种与蟠扎时间表

序号	树种	蟠扎时间
1	罗汉松	夏、秋
2	华山松	夏、秋
3	圆柏	冬、春
4	水杉	落叶后发芽前
5	石榴	落叶后至发芽前，大型的可在夏秋补蟠刚木质化的枝条
6	紫荆	同石榴
7	银杏	同石榴
8	木绣球	秋、冬
9	紫薇	落叶后至初春
10	金弹子	夏、秋
11	胡颓子	夏、秋
12	榆树	落叶后至发芽前，大型的可在夏秋补蟠两次刚木质化的枝条，以促进快速成型；若素材是树蔸，用枝条作主干，补蟠也在夏秋进行。
13	朴树	同榆树
14	垂丝卫矛	同榆树
15	黄荆	同榆树
16	玉兰	冬
17	六月雪	必须经过配栽或剪截主干后发出的枝条，夏秋蟠扎
18	迎春	时间不限，其余与六月雪同
19	枸杞	同迎春
20	桂花	开花前月桂时间不限
21	山茶	冬春开花前
22	杜鹃	春季开花前
23	黄杨	夏、秋
24	小叶女贞	夏、秋
25	桃叶卫矛	秋、冬
26	蔷薇	秋、冬
27	贴梗海棠	秋
28	垂丝海棠	在“小满”前，蟠扎刚木质化的枝条，入秋补蟠，落叶后再补蟠
29	梅	同垂丝海棠
30	蜡梅	同垂丝海棠
31	桃	与上同，初蟠可延迟
32	樱花	与桃同
33	麦李	与桃同

(三)山水盆景的创作

山水盆景具有广泛的表现力，可以表现人类生活环境和自然山水的许多景象。它的创作是一种比较复杂的艺术思维活动，需要遵循立意构思等一般的造型规律，并且要综合地运用各种艺术手法。在其景观内容的表现方面，也需要有形式技巧做保证。形式方面的技艺主要是构图的技巧，而构图又是依靠加工制作技术获得物质表现的，所以，构图与制作技术是山水盆景创作的两个基本方面。

1．山水盆景的构图形式

山水盆景的构图具有平面与立面的二重性(图33)。平面构图称为布局，布局形式决定山水盆景的基本景观构成。而立面构图则主要解决盆景的立面造型问题，立面构图形式将决定盆景立面上山水艺术形象的塑造。

(1)平面布局形式：山水盆景常见的平面布局形式主要有6种，即：一角式、孤峰式、对峙式、开合式、绵延式、聚散式等(图34)。

①一角式：全部景物只占据盆的一个角隅，而其余所有角隅都空着的布局形式为一角式。景物所占角隅一般选盆的两个后角之一，不选前角。一角式特别注意景物的态势与盆内空处的紧密呼应，布局中要注意利用景物特定的态势在空处造出“空景”或“景外之景”，达到空处“无物胜有物”的艺术境界。

图33　山水盆景的平面与立面

②孤峰式：盆中景物全部布置于一座孤峰(或孤山)上，而且孤峰并不位于盆角的布局称为孤峰式。在此形式中，孤峰必须要能够自成体系，构成一个完整的山峰形象。孤峰的位置不能居于盆的正中，要偏后或偏左、偏右布置，使其四角的空间有显著的大小差别。

③对峙式：此形式的特点是，所有景物分为一大一小两个景物组合，一组在左，一组在右，一组为主，一组为次，构成对比中的主次关系。两组景物在结构上是相互断开的，但又必须显出相互依存、相互补充的结构联系，做到迹断势连、形断意连，在意念上有强烈的不可分割的特点。

④开合式（又称三角式）：以山石为主，全部景物分作三个景物组合。在平面上构成不等边三角形布局。开合式以两组景物在前，一左一右分立布局，具有开的特点，同时又以另外一组景物在后，联络于前二组景物中间，起到合的作用。一开一合，近景远景都获得深度感。采用开合式，要求充分突出主体景物组，不能使三组景物势均力敌，出现对称关系，因此在布局上就要避免形成等边三角形。

⑤绵延式：这种形式中，全部景物可分为二组，亦可分为三组。每一组景物都从盆左或盆右向另一边蜿蜒伸展，构成长长的绵延状山脉。山脉与山脉相互穿插，出现一派远山景象。这种格式的山体形象，是连绵不断、起伏曲折的，但要避免山脉在平面上排成直线，避免几条山脉一样宽窄，一样长短。

⑥聚散式（疏密式）：山峰数目多，有聚有散，有大有小，并且山峰与山峰有多少立状的布局形式，称聚散式。聚散式特别强调峰群布局的有机统一，峰与峰之间要紧密联系，交相呼应，不能是一盘散沙。宾主关系在这里更要突出，要使景象宾主分明，有明显的结构核心。采用此格式常见的毛病，是峰群排成刀山剑树状，要注意避免。

(2)立面构图形式：山水盆景的立面造型是多种多样的。我们常说的立面造型主要是指正立面，即主观赏面的造型。因此从构图来讲，这里主要介绍山水盆景正立面的构图(图35)。从正立面的造型特点出发，把立面构图分为6种常见的形式，即：直立式、斜立式、斜卧式、横云式、悬崖式、山连山式(图36)。

①直立式：各峰石的纵轴及皴纹线均垂直于或基本垂直于盆面的造型样式，即直立式。在构图形

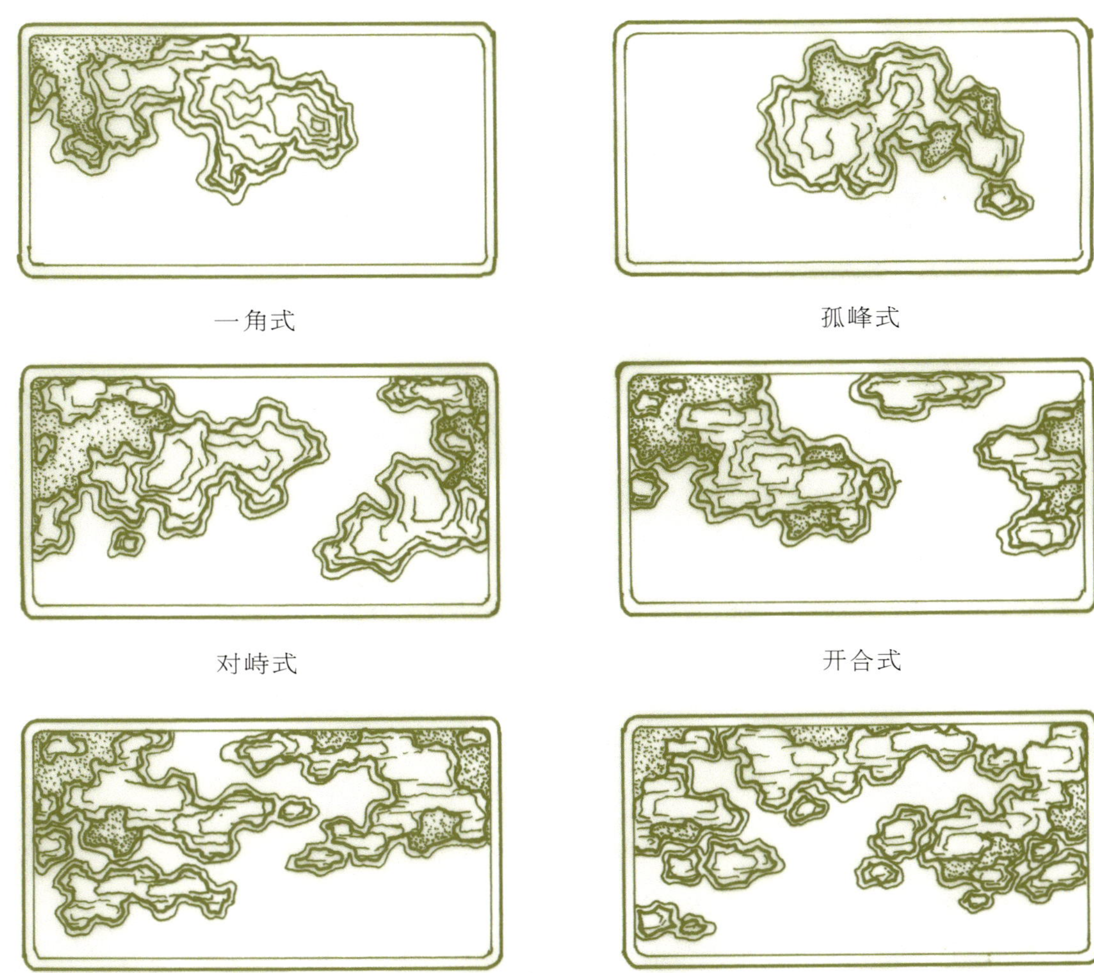

图 34　山水盆景平面布局形式

图 35　山水盆景的正立面构图

图36　山水盆景的立面构图

式线上，此格式常用垂线构图，注重平行垂线的疏密变化，长短变化和前后位置的错综变化。在应用这种格式时将峰脊线处理成大起大落的起伏变化形式，比较容易获得生动的效果。

②斜立式：是峰石纵轴及石材皴纹与盆面形成大于45°的夹角的一种造型形式。斜立式造型中采用的构图形式线，常见有平行斜线、放射线、交叉线等，所造成的形象常常具备强烈的动势。要注意的是要在动中求稳，在动势构图中保证景物的均衡性，动而不乱，要有统一的运动核心。

③斜卧式（又称斜飞式）：采用这种造型的盆景主山或主崖俯卧或仰卧，与盆面形成小于45°的夹角，但决不与盆面平行。斜卧式在构图中可采用平行斜线、放射线、交叉线、之字形转折线，所造成的动势和紧张感特别强烈。但要注意斜卧的峰石腰部不能太粗又不能太细，峰石下部一定不能太实，最宜有一些悬垂。

④横云式（又称层叠式）：山石横轴及皴纹线平行于盆面，构成层叠状景观的立面造型样式，称横云式。横云式主要采用平行水平线构图，其山石景观层层叠叠，如同云山千叠。平行水平线这种形式线虽有静的特点，但静中有动，运动感也很强。横

云式岩层的两端要参差不齐，正面要凹深凸浅，不能造得太高，要突出横向构图的特点。

⑤悬崖式：悬崖式的主要特点是主山的一侧在一定程度上作悬垂状，下部虚空，重心较高。在造型时，要从受力方面考虑主山悬垂的程度，既不能因太悬而失去稳定感，又不能悬垂太少而无悬崖的意味，要求悬垂适可而止，主山一侧悬空，另一侧必须稳定。

⑥山连山式：远山相互连接，构成山系，起伏变化，绵延不绝。构图形式线以波状线为主。波动的峰脊线决定了群山的基本形象体系。此格式适于表现远景，容易造出千山万水的全景式壮丽景象。

另外还有两种变化形式，玲珑式和象形式。玲珑式是以石材的玲珑剔透等特性为主要观赏目的的立面构图形式。玲珑式一般不表现山水景观，而仅用于表现泉石小景或奇石景观。玲珑式的峰石具有抽象艺术的特点。象形式是以石材的体形、轮廓大致地表现某些人物、动物以致器物形象的一种构图形式。采用象形式的时候，要注意模仿不能过于逼真。要在“似与不似之间”。象形式除非特别成功者，否则难免有俗气之嫌。

以上所述各种平面和立面的构图形式，也不是一成不变的。在实际运用中，总会有这样那样的变化；并且，平面布局形式与立面构图形式在实践中又是结合起来使用的。一种平面布局形式，其景物在立面上的形象可以采用几种立面构图形式；反之，一种立面形式，也可以与几种平面布局形式相配合而构成几种不同的景象类型。总之，山水盆景的构图是有规律可循而无规定创作模式的。理解了山水盆景构图“有法而无定法”的要领很重要，它可以使我们在正确的创作思想下搞好盆景的构图，为构图的物质表现——盆景创作，提供一份完美的蓝图。

2. 山水盆景制作技术

制作山水盆景的一般过程是：首先选材、立意、构思与构图，然后按照构思的结果进行技术制作。制作过程大体上分为锯截、雕凿、组合、胶合及修饰等几个步骤，待修饰之后再配植物，点缀小配件，即做成了山水盆景。

(1)锯截：锯截是把大石分为小石以应造型所需的一种方法。锯截的目的是去芜存精、截平石底以便平正地安放。锯截的方法不限于用锯，用锤、凿、斧进行大石的截分也属锯截方法。

用锯截分时，松软石材可使用园艺手锯及钳工用钢锯，硬、脆石材需要用手提式锯石机。在锯截同一件盆景的几块石头时，要注意使每块石头的锯截面与石头表面纹理的角度相同。作主峰的石块锯截面与竖向纹理成直角关系时，客山、陪衬山的锯截面也应与石头纹理成直角关系。主峰的锯截角度有多大，客山、陪衬山的锯截面角度也应有多大。

有许多石材在锯截之后进行雕凿，往往破碎太多，无法使用，可以先将石材的两端雕凿成型，使峰顶的形态具备了，再从石材的中部进行锯截，这样可减少石材的损坏率。

除了用锯子截分石材之外，还可用其他工具截分石材。质地松软的石材可用斧子斫砍，使大石分为若干小石，石底也可用斧子砍削平整。一些硬质石材，可用铁锤轻轻敲打整形，使大石断裂为小块山石。

一般石材都是在锯截之后进行雕凿整形，有的形状特别完美的山石，常常也可以不经锯截而稍加雕凿，就直接用于组合盆景的山体。

(2)雕凿：雕凿是质地松软的石材、软性石材的主要加工技术，要求加工后的形态力求自然，虽是人工所为，但却如同天生。主要的雕凿工具有：琢锤、錾子、锯片、雕刀、钢丝钳等。雕凿石材的次序是先轮廓后皴纹，先大处后细部，先粗凿后细凿。

轮廓的加工是决定山形的主要步骤。不同地貌中的山形有着不同的轮廓特征。因此在表现某一地貌的时候，必须抓住该地貌中山的轮廓特征，并真实地加以突出表现，就可以比较逼真地塑造出那种地貌所特有的山形。例如：山头的轮廓形状在同一件盆景中不能一样，要有变化，各不相同；每个山头的形态都不能对称，左右要有变化；同一座山，山腰线应当一面长一面短，坡度要一面缓一面陡等，都是各种地貌的山形轮廓特征所共同要求的，也是轮廓雕凿中必须注意的。此外，轮廓雕凿中还要注意山头如犬齿般尖锐或如刀山剑树般林立状、山头平齐等，都是自然界中较罕见的，表现在盆景中也显得呆板，不美观，在雕凿轮廓时应避免这样做。雕凿好的山形轮廓，主峰一般不能居于正中，如确需居中，则左右两边轮廓应明显不对称。山的正面形状应当比侧面、背面变化多一些，凹凸变化要更强烈些，做到“凹深凸浅”、褶皱感明显最好。

皴纹的雕凿应在轮廓加工完成之后进行。如果石材原有的自然石面有着较好的皴纹，能不雕凿的就不雕凿，保持天然皴纹最好。对于只有少量自然皴纹的石材，可以仿照原有的皴纹进行补充雕凿，使其具有完整的皴纹。人工雕凿的皴纹要繁简适当，太繁显得做作，太简则石面笨拙平庸。皴纹的深度要有变化，主纹深，侧纹浅；山坳处深，山脊处浅。皴纹在石材上的分布应该有多样统一的特点。有统一的线形特征，又有变化多端的分布状况，与自然山水中同类山的皴纹及分布情况尽可能相似。

山石雕凿加工后必然留下斧凿痕迹，如生硬的棱线，琢击时留下的白点等，都应细心地加以清除。清除的方法是用砂轮或钢锉打磨，将断面、棱边磨成自然风化状。还可以用钢丝刷顺着皴纹的方向稍用力刷动，清除沟纹中的人工痕迹，并可刷出一些细的纹理。用以上方法仍然不能彻底清除痕迹时，可再用烟熏、酸腐蚀及泥土蹭擦等方法，将石面做成古旧的颜色，就可以最后掩盖加工痕迹了。

(3)山石的组合：山石组合要依据构图的规定，首先把主峰或主山组合好，然后才根据主山的组合而对其他景物进行组合。组合包括两层意思，一是把若干小石拼合成一块大石，形成主山(有的主山或主峰仅由一块石材便能担当的，则不需组合)，二是把若干景物(包括主山或主峰)结合成一个景象体系。

把小石拼合成大石，要求各小石的质地、颜色、皴纹与轮廓形状都要相似，不能有大的差别(图37)。质地硬脆的不能与松软的拼合，质感粗

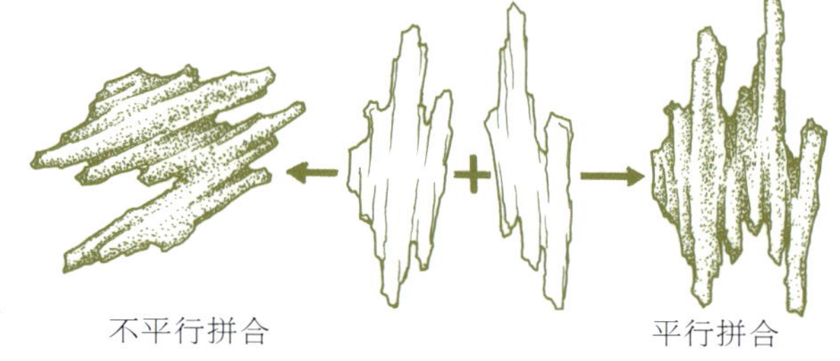

图37 山石的两种拼合方式

重的不能与细巧的组合，皴纹粗疏的不与细密的组合，轮廓形态瘦劲的不与浑圆的拼合等等。在具体拼合时，各石材的皴纹线及其伸展方向应该一致。不能在竖线条上拼接横线条或斜线条石材，不能在直线条石材上拼接弯曲线条的石材。另外还要注意，不吸水或吸水性弱的石材，可以侧面拼合，也可上下叠合；而吸水性强的石材一般情况下只能侧面拼合，如上下叠合，由于叠合处水泥层的隔水作用，使得下面的石材湿润而上面石材干燥，会造成上下湿度不一样，颜色有差别，山石拼合体缺乏整体感。山石拼合的目的，是根据造型的需要而

图38 山体组合中山脚的变化

对山体加宽、加厚或增高处理。

在景物的组合中，应当注意景物与景物的相对位置不要呈现规则性，要有变化，还要考虑景物之间组合产生的效果。在组合之中要注意山脚、河岸的转折、回抱；要求大弯小曲结合，曲转自如，富于变化(图38)。不能形成生硬直线或规则弧线。山水盆景"上看峰，下看脚"，山脚、河岸的曲折多变造成生动的景象状态，容易使景物"活"起来。组合中还应注意虚实变化，要看虚中有实，虚实相生。

(4)山石的胶合：组合完成后，盆内的山水景象就基本确定了，构图也表现出来了，下一步就是胶合。所谓胶合，就是用水泥或树脂胶将拼合好的石材互相粘接起来(图39)。胶合主要注意的问题就是处理好接缝处的水泥痕迹。一般采用的办法是趁水泥未干的时候将缝口多余的水泥刮掉，然后撒上一层石粉或河沙，轻轻压入并掩盖水泥缝口。石粉用同种石材的碎屑锤细而成。以后，在山石上培植青苔，改变石面颜色，就不容易看出接缝了。

(5)配置植物和小配件：植物配置和小配件配置是山水盆景制作中最后两道工序，必须认真做好。

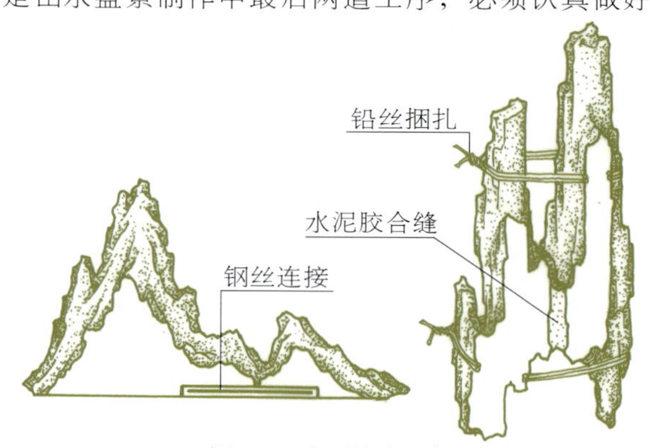

图39 山石胶合示例

在山水盆景中，植物一般种植在山石的缝隙或山石上预留的种植穴中，有时也扎成棕包种植于山峰背面。

在山石缝隙里种植植物的时候，缝隙应选里宽外窄的；填土要适宜，最好不要隆起到缝口之外。需土较少的植物在山石上栽植要容易些。

山石上预留的植物种植穴，一定要适合山石的布局造型。在种植穴内栽种植物的方法是：选用适当的植物，根据种植穴的大小，把根部泥土及一部分老根去掉，收缩根部于穴内。摆正植物的姿态，在穴内填进培养土，用竹扦插实，土面由苔藓覆盖起来，最后把定根水浇透。

用棕包种植植物，是在盆景山体种植穴太浅时，不得已才这样做。在盆景山体背后挂一个棕包，毕竟是很难看的。棕包种植的方法是：先将棕片摊平，抽除上面的骨梗，再把植物根部放在棕片上，加上培养土，然后用棕片包起来，扎成球状。将棕包固定在山峰背面的种植穴内，再从上面对棕包浇透水，山水盆景的植物即配植完成了。

山水盆景中配植植物十分强调艺术性，要深思熟虑，不能随意栽种。一般说来，孤树不宜独立在山峰之巅，山下无树而山顶孤树独立如插旗，很不自然。孤树如配植在山脚、山腰、山梁、悬崖上时，其树冠轮廓只应加强而不应削弱峰脊线的起伏变化，更不应堵塞山间的缺口(图40)。此外，树的种植姿态也要与其近旁的山石协调，当紧靠山石栽植时，不要向山石偏冠或倾斜，而应向外倾偏。树的凸出部分与山石的凸出部分要相互错开，不能相对顶撞。如果盆中只有两棵树，合栽时要注意向背和错落，分栽时要注意相互呼应。如果是多株小树配植，树与树之间相对位置要有变化，有疏有密，不可作星散状，要有配植重点，严格掌握植物与山水之间的体量比例关系，植物应选择矮小、叶型细、多分枝的种类。

总之，山水盆景种植物的配置应做到比例协调、主次分明、层次清晰、轮廓线条优美，力求做到符合或接近自然植物的生长状态。

经过植物配置，山水盆景一般就算完成了，但有的山水盆景在构思中还考虑人物、动物、房舍等组成的景象，这些盆景就有如何点缀小配件的问题。盆景小配件总的配置原则是“因景制宜”。盆内何处可点缀何种配件，由景象环境决定。小配件不宜太多，要少而精。另外要注意的是配件布置地点要恰当。如山顶或旷野处不宜设寺院道观及房舍，渔翁不能布置在半山腰，当然樵夫也不宜放在水边。动物小配件的点缀也是如此：“牛羊在山坡，奔马踏草地，熊猫戏新竹，白鹤浴松溪……”。小配件的放置要真正做到“因景制宜”，才能达到画龙点睛的作用，起到点景的最佳效果，从而深化意境，这样才能使一件山水盆景作品真正成为一件艺术品。

图40　山水景观与植物配植示例

参 考 文 献

1.晋·常璩撰.华阳国志.成都：巴蜀书社，1984

2.清·巢勋临本.芥子园画传·第一集.山水.北京：人民美术出版社，1960

3.清·陈淏子.花镜.北京：农业出版社，1962

4.清·笪重光.画筌.成都：四川人民出版社，1982

5.冯灌父,薄文.成都盆景.成都：四川人民出版社，1957

6.周瘦鹃,周铮.盆栽趣味.上海：上海文化出版社，1957

7.崔友文.中国盆景及其栽培.北京：商务印书馆，1958

8.黄宾虹.黄宾虹画语录.上海：上海人民美术出版社，1961

9.上海植物园.上海龙华盆景.上海：上海科学技术出版社，1980

10.成都园林协会,成都园林局编.成都盆景.成都：四川人民出版社，1981

11.徐晓白,张人龙,赵庆泉.盆景.北京：中国建筑工业出版社，1981

12.陈植.观赏树木学.北京：中国林业出版社，1984

13.陈思甫.盆景桩头蟠扎技艺.成都：四川科学技术出版社，1985

14.黄岳渊,黄德邻.花经.上海：上海书店，1985

15.滕守尧.审美心理描述.北京：中国社会科学出版社，1985

16.[美]·鲁道夫·阿恩海姆.艺术与视知觉.北京：中国社会科学出版社，1984

17.杨春时.审美意识系统.广州：花城出版社，1986

18.[美]·卡洛琳·M·布鲁墨.视觉原理.北京：北京大学出版社，1987

19.唐来春.盆景技艺.北京：中国建筑工业出版社，1988

20.邹长松.观赏树木修剪技术.北京：中国林业出版社，1988

21.刘天华.园林美学.昆明：云南人民出版社，1989

22.成都市园林局.成都盆景研究.成都市园林局（内部发行），1989

23.王毅.园林与中国文化.上海：上海人民出版社，1990

24.陈俊愉，程绪珂.中国花经.上海：上海文化出版社，1990

25.方惠.叠石造山.北京：中国建筑工业出版社，1994